제복을 입은
국민의 군대

제복을 입은 국민의 군대

독일연방군 운영철학

김용주 지음

황금알

서 문

오늘날 독일은 유럽의 중심 국가이며 유럽연합을 선도하는 최강국이다. 이제 독일이 함께 하지 않는 유럽연합은 상상할 수 없게 되었으며, 미국과 더불어 세계 경제의 흥망에 주도적인 역할을 맡고 있다고 해도 과언이 아닐 것이다. 독일은 경제력에서뿐만 아니라 군사력에서도 엄청난 잠재력을 과시하고 있는 나라이다. 1, 2차 세계 대전을 주도하였던 저력에 기초하여 민주주의 이념체제하에서 새롭게 건설된 독일 연방군은 오늘날 유럽의 중심 軍으로 자리매김해 가고 있으며, 급변하는 안보상황에 맞추어 끊임없는 변혁을 추구해 나가고 있다. 공산주의 이념체제에서 민주주의 이념체제로 변화된 동유럽을 비롯한 많은 나라는 독일의 경제적, 군사적 선진모델을 적극적으로 벤치마킹해 가고 있다.

한국은 해방 이후부터 줄곧 미국의 절대적인 영향권 내에 있기 때문에 많은 부분에서 미국적 패러다임의 영향을 받고 있다. 그럼에도 불구하고 한국과 독일 간에는 1964년에 거론된 한독 경제협력 및 우호증진 방안과 더불어 지금까지 상당한 군사적 교류가 진행되어 왔다. 한국은 1965년부터 지금까지 독일 연방군에 매년 생도를 포함한 2~3명의 장교를 파견하여 왔으며, 이들은 귀국 후 연방군에서 경험한 독일군의 전략, 전술, 교육, 지휘 등을 한국군에 전파하였다. 한국군에 미친 독일 연방군의 영향은 클라우제비츠의 전쟁론, 임무형 전술, 독일군의 장군참모제도, 독일의 군사적 통합, 독일 국방개혁, 독일 잠수함, 전차 등 매우 다양한 주제와 영역에 거쳐 나타나고 있다.

그러나 독일 연방군과 관련된 내용들을 참조하기 위하여 자료를 찾으면 마땅히 참조할 만한 공개된 자료집이 없다. 오랫동안 독일 연방군과 교류해 온 것을 생각하면, 독일 연방군에 관한 자료들이 체계적으로 축적되어 있어야 하는데도 불구하고 참고할 만한 자료집이 없다는 점은 우리가 모두 반성해야 할 부분이기도 하다.

이에 필자는 지난 2007년도에 육군사관학교 화랑대연구소의 지원을 받아 『독일 연방군 총서』를 발간한 바 있다. 이 총서에는 독일의 안보 및 국방 정책에서부터 국방개혁과 군 구조, 관리 정책, 인원선발, 교육훈련, 내적 지휘와 임무형 지휘, 복지정책, 해외파병, 여군 및 모의실험교육, 병과, 무기 등 연방군에 관한 전반적인 내용이 소개되었다. 연방군 총서는 한국군에 소개된 자료로서는 최초로 독일 연방군의 제반 영역을 망라하여 소개한 자료집이다. 그러나 연방군 총서는 독일 연방군에 대해 가급적 많은 내용을 소개하다 보니 정작 중요한 핵심주제에 대해 심도 있는 논의를 이끌어 가지 못하였다.

독일 연방군을 본질적으로 이해하는 데에 있어서 빼놓을 수 없는 중요한 두 가지 개념이 있는데, 그것은 바로 우리에게 익숙한 '임무형 지휘'와 '내적 지휘' 개념이다. 그동안 한국군에서는 임무형 전술 혹은 임무형 지휘에 대한 논의가 상당한 수준까지 이루어져 왔었다. 이러한 논의의 중심에는 박정이 전 1군 사령관이 소개한 외팅의 저서 『임무형 전술의 어제와 오늘』이 있으며, 그 외에도 많은 이들이 독일 연방군의 임무형 지휘를 한국군에 적용하는 방안에 대하여 다양한 의견을 제시하였다. 그런데 독일 연방군을 대표하고 또 독일 연방군이 추구하는 가장 중요한 지휘원칙은 임무형 지휘라기보다는 '내적 지휘' 개념이다. '내적 지휘'는 독일어로 'Innere Führung'을 직역한 것이며 역자에 따라 조금씩 상이한 표현으로 소개되고 있는 개념이다. '내적 지휘'는 독일 연방군의 정체성을 의미하고 '제복을 입은 국민'을 구현하는 개념이면서 '임무형 지휘'를 구현시키는 기반이다. 독일 연방군을 정말 제대로 알고자 한다면 '임무형 지휘'뿐만 아니라 '내적 지휘'의 개념과 본질에 대해서도 정확하게 이해할 필요가 있다.

본 저서는 크게 3부로 구성되어 있다. 1부는 '내적지휘'에 관한 것으로서 1장에서는 독일과 독일군에 대해 간략하게 소개하였고, 2장에서는 내적 지휘의 근원, 개념, 원칙에 관해 기술하였다. 2장에서는 내적 지휘의 영역과 교육 내용에 대해 설명하였다. 4장은 통일 전 서독군과 동독군의 지휘문화를 내적 지휘 원칙을 기준으로 비교한 내용이다. 2부는 임무형 지휘에 관한 내용이다. 5장에서는 임무형 지휘의 역사와 개념 그리고 필요성에 대하여 기술하였으며, 6장에서는 임무형 지휘의 기본정신과 전제조건에 대하여 설명하였다. 7장에서는 임무형 지휘를 적용하기 위한 방안과 적용사례에 대하여 설명하였으며, 8장에서는 임무형 지휘의 활성화 방안에 대하여 언급하였다. 3부는 필자의 연구에 기초하여 한국적 지휘개념의 발전에 대해 논한 내용이다. 9장에서는 인권과 지휘권의 관계에 대하여 논하였으며, 10장에서는 한국적 지휘개념의 발전방안을 다루었다. 11장에서는 한국군에 적용되지 않고 있으나 독일 연방군으로부터 적극적으로 도입할 가치가 높은 정책이나 제도들이 선별적으로 제시되었다.

아무쪼록 본 저서가 민주주의 체제하에서 운영되는 군대로서 가장 이상적인 지휘개념을 갖고 있는 독일 연방군을 더욱 더 정확하게 이해하는 데에 조금이나마 도움이 되기를 바라며, 이러한 이해를 바탕으로 한국군의 지휘개념이 더욱 더 발전적인 방향으로 변화할 수 있기를 간절히 바란다.

끝으로 이 책이 나오기까지 직, 간접적으로 많은 분의 도움이 있었다. 특히 독일 연방군에서 교육을 받은 선·후배님들의 도움이 컸다. 이 자리를 빌려 류제승, 박찬주, 연제욱 장군을 비롯한 선배들과 신인호, 신현기, 강인순 대령을 비롯한 후배들께 감사드린다. 또한, 제가 몸담고 있는 교수부의 많은 선·후배 교수분들과 군사심리학과의 선후배 교수님들에게도 감사드린다. 그리고 이 책의 출판을 기꺼이 허락해 주신 황금알의 김영탁 사장님께도 감사를 드린다. 마지막으로 그동안 연구와 집필로 많은 시간을 함께 하지 못한 아내와 유진 그리고 수환에게 이 책을 바친다.

2012년 5월

김용주

차 례

제1장
서론

1.1 독일

지리정보

독일은 지정학적으로 유럽 대륙의 중앙에 위치하고 있으면서 주변의 9개 국가(프랑스, 스위스, 오스트리아, 체코, 폴란드, 덴마크, 네델란드, 벨기에, 룩셈부르크)와 국경을 형성하고 있다(〈그림1.1〉참조). 면적은 한반도의 1.6

〈그림 1.1〉 유럽 지도

*출처: 독일에 관한 모든 것

배인 357,021㎢이며, 인구는 약 8천2백만 명이다. 독일은 해양성 기후와 대륙성 기후의 교차지역으로 온화한 서풍지대에 위치하며 날씨 변화가 심하다. 흐리고 비오는 날이 많으며, 연 평균 기온은 9℃이다.

독일(獨逸)은 독일어 '도이칠란트(Deutschland)'의 한자음 표기이며, 독일의 정식 국가명은 독일 연방공화국(The Federal Republic of Germany)이다. 국가형태는 의회 민주주의 연방국이며, 〈그림 1.2〉와 같이 16개의 지방 국가로 구성되어 있다. 이 중에서 11개 주는 구 서독지역이며, 5개 주는 구 동독지역이다. 각 연방주는 주헌법, 주의회 및 주정부를 구성하고 있으며, 국가의 최고 권력은 연방에 있다. 과거의 서독의 임시수

〈그림 1.2〉 독일의 16개 주

도는 본(Bonn)이었으며, 현재 통일된 독일의 수도는 인구 약 350만명의 베를린(Berlin)이다.

정당제도는 다수 정당제를 택하고 있으며, 원내 정당으로는 기독민주당(CDU), 기독사회당(CSU), 자유민주당(FDP), 사회민주당(SPD), 좌파당, 동맹 90/녹생당(Gruene) 등이다. 독일은 사회적 법치국가로서 권력분립 및 행정부 합법성의 기본원칙을 따른다.

녹일의 민족은 게르만족이며 언어는 독일어를 사용한다. 종교는 신교 31.1%, 구교 31.4%, 모하메드교 4%, 유대교 0.2%의 분포를 보인다. 독일의 1인당 국민소득은 28,012유로이며 국민총생산은 2조 3,188억 유로(Euro)이다.

독일의 국가 문장은 〈그림 1.3〉에 나타난 것과 같은 독수리이다. 독일의 국기는 검정, 빨강, 노랑의 삼색기이며(〈그림 1.4〉), 검정은 인권 억압에 대한 비참과 분노를, 빨강은 자유를 동경하는 정신을, 노랑은 진리를 상징한다. 독일은 독일 통일의 날인 10월 3일을 국경일로 정하고 있다.

〈그림 1.3〉 독일국가 문장

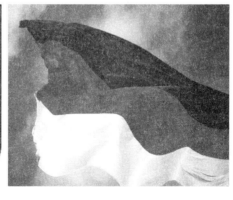

〈그림 1.4〉 독일 국기

*출처: 독일에 관한 모든 것

독일 역사

원래 게르만족은 기원전 시기에 동유럽의 초원지대와 흑해 연안 지역에서 생활하였으며, 이들 중 일부는 동쪽으로 이동하여 아시아 민족이 되고, 일부는 서쪽으로 이동하여 유럽민족이 되었다. 서쪽으로 이동한 게르만족은 오늘날 유럽의 중심에 정착했으며 언어의 사용에 따라 북부 게르만족, 동부 게르만족, 서부게르만족으로 나뉜다.

기원 원년도 무렵 게르만족은 로마제국의 이웃나라로서 라인강과 도나우강을 경계로 국경을 이루었다. 게르만이라는 용어는 로마 시대 로마인들이 알프스 북부 지역과 라인 강 동부지역 그리고 스칸디나비아 이남과 동부지역의 바이크셀 강 사이의 지역을 게르만이라 칭한 데서 유래한다.[1] 게르만족의 대 이동은 중앙아시아에 거주하던 훈족의 서방 진출에 의해 이루어졌다. 훈족의 침략으로 흑해 북쪽에 거주하던 동고트족은 이탈리아 지역으로 이주하고, 서고트족은 스페인지역으로 이주하여 국가를 건설했다. 유럽의 중앙에는 로마군이 물러가고 메로빙거의 프랑크 왕국이 건설되었다.

프랑크 왕국의 메로빙거 왕조(481~751) 창시자인 클로비스(재위 481~511)는 프랑크부족을 병합하고 갈리아지방을 통합하였으나, 사후 왕조분열이 계속되어 왕권이 유명무실하게 되었다. 메로빙거 왕조 후반의 대표적인 궁재는 732년 투르프와티에 전투에서 이슬람군의 침입을 격파한 카롤르스 마르텔이었다. 카롤르스 마르텔의 아들 피핀은 메로빙 왕가의 마지막 왕인 칠더리히 3세를 폐위시키고 카롤링거 왕조를 탄생시켰다.

카롤링거 왕조(751~843)는 피핀에 의해 건설되고 그의 아들 카를이 완성하여 유럽에 민족국가를 탄생시키는 등 유럽 역사를 형성하는 데 크게 기여했다. 840년 왕 프롬에 루트비히가 사망하기 직전 왕위를 큰

---

1) 박래식(2006). 이야기 독일사. 청아출판사 p. 25.

아들인 로타르에게 물려주었으나, 형제들과의 분쟁으로 843년 베르덩 조약이 체결되고 영토가 분할되었다. 큰아들 로타르는 제국의 중부와 북이탈리아(오늘날의 이탈리아 지역)를, 둘째 루트비히 2세는 라인 강을 경계로 제국의 동부(오늘날의 독일 지역)를, 막내 카를은 영토의 서쪽(오늘날의 프랑스 지역)을 차지했다. 오늘날의 프랑스와 독일이 분리되어 각각의 길을 가게 된 것 시점이다.

오늘날 독일지역을 차지한 루트비히 3세가 죽자 콘라트 1세기 911년부터 918년까지 동프랑크 지역을 통치했다. 919년 하인리히 1세가 왕위를 계승하였고, 921년에 프랑스의 카를 3세와 양국가간 내정 불간섭에 관한 조약을 체결하였다. 962년 오토 1세가 교황으로부터 황제칭호를 수여받고 대관식을 거행하였으며, 오토 1세는 황제에 즉위한 후 독일 내에서 세력을 강화했고 이탈리아까지 영향력을 확장했다. 오토 1세가 즉위한 후 신성로마제국은 나폴레옹에게 패한 1806년까지 존재하게 되었다. 그 사이 오토 왕조는 1024년까지, 잘리어 왕조는 1125년까지, 호엔슈타우펜 왕조는 1250년까지 지배했다.

호엔슈타우펜 왕조는 프리드리히 2세를 마지막으로 끝나고, 합스부르크의 루돌프가 1273년에 왕으로 즉위하면서 합스부르크 왕조가 시작되었다. 16세기에 들어서서 오스트리아가 독일연방에서 주도적인 역할을 하였으며, 수도 빈은 유럽의 중심 도시 중 하나가 되었다.

16세기 초에 루터의 종교개혁과 농민전쟁이 있었으며, 17세기 초에 일어나 독일의 역사에서 가장 큰 피해와 파괴를 가져왔던 30년 전쟁은 1648년 11월 베스트팔렌조약으로 종식되었다. 1700년대 이후 북쪽 지역의 프로이센이 독일에서 강대국으로 부상하였으며, 7년 전쟁을 통하여 보다 더 확고한 위치를 차지하게 되었다. 1789년 프랑스 대혁명이 일어나고 나폴레옹의 침입으로 1806년 8월 신성로마제국은 그 막을 내리게 된다.

1806년 독일에서 라인란트 지역을 중심으로 한 서부 국가들은 라인

동맹을 결성하였으며, 여기에 가담하지 않은 프로이센은 옛 영토 회복을 위하여 강력한 중앙집권국가를 건설하는 데에 총력을 기울였다. 1862년에 내각수반인 총리로 임명된 비스마르크는 군통수권을 장악하고 독일에서 오스트리아를 배제시킨 가운데 프로이센 중심의 독일체제를 구축했다. 1866년 프로이센이 오스트리아와의 전쟁에서 승리하고, 1867년 북부동일연맹을 결성하였으며 빌헬름 1세를 독일제국의 황제로 추대하였다. 1870년 독일은 프랑스와의 전쟁에서 승리하였으며, 이를 계기로 1871년 프로이센에 의해 독일제국(1871~1918년)이 건설되었다. 빌헬름 1세에 이어 황제의 자리에 오른 빌헬름 2세는 통일된 독일에 만족하지 않고 강력한 팽창정책을 추구하였다. 힘에 의한 팽창정책은 급기야 제1차 세계대전을 하게 하였으며, 결국은 1918년 패망의 비운을 초래하게 되었다.

1919년 패전과 혼란의 와중에 제국주의 헌법을 폐기하고 의회주의 원칙에 의한 헌법을 공포하면서 바이마르공화국이 탄생했다. 에버트를 초대 대통령으로 시작한 바이마르 공화국은 슈트레제만 수상시대(1923~1929)를 거쳐 히틀러가 정권을 장악하는 1933년까지 유지되었다.

1933년 정권을 장악한 히틀러는 바이마르 공화국을 해체하고 제3제국을 수립하여 스스로 재상 겸 총통이 되었다. 제 3제국은 1945년 2차 세계대전에서 패배함으로써 그 막을 내리게 되었다. 그 후 연합군의 점령기를 거쳐 1949년 5월 23일 서방연합국 점령지역에는 독일연방공화국(서독)이 탄생하였으며, 소련 점령지역에는 1949년 10월 7일 독일민주공화국(동독)이 수립되었다. 서독의 연방군은 한국전쟁을 계기로 위기의식을 느낀 연합군에 의해 1955년 재건되었다.

1989년 11월 베를린 장벽의 붕괴로 양독 간의 통일무드는 급속히 고조되었으며, 급기야 1990년 10월 3일 역사적인 독일 통일이 이루어지게 되었다.

경제

독일은 세계를 선도하는 경제대국이며, 독일 기업들은 글로벌 경쟁력을 갖추고 있다. 독일은 제2차 세계대전에서 패한 후 1950~1973년간 연평균 5.9%의 높은 성장률을 기록하는 '라인강의 기적'을 이루면서 경제성장, 고용, 물가, 국가재정 등 모든 측면에서 모범적인 국가로 발전하였다.

그러나 1970년대 석유파동, 1990년대 막대한 통일비용과 유럽연합(EU) 통합에 따른 독자적인 거시정책 운용 제한 등이 중첩되면서 2000년대 중반까지 경제 성장률이 하락하는 추세였다. 하지만 정부의 과감한 구조개혁 정책, 수출회복, 내수확대, 고용정책 등으로 2010년에는 3.6%의 성장을 기록하여 독일 통일 후 최고 수준의 성장률을 달성하였다.

독일은 국내총생산(GDP)을 기준으로 미국, 일본, 중국에 이어 세계 4위의 경제대국이며(2009년 기준 2조 4,072억 유로), 수출 규모에서는 중국에 이어 세계 2위의 위상을 차지하고 있다. 아울러 세계 최대 단일경제권이 된 EU 회원국들 중 인구 16.8%, GDP 20.5%를 차지함으로써 유럽권내 최대 경제국의 지위를 유지하고 있다.

*출처: 독일에 관한 모든 것

국제협력

1990년 인위적인 분단국가에서 단일화된 통일국가로 변화한 독일은 오늘날 국가 크기 및 인구, 경제력 그리고 대륙의 중앙이라는 지정학적 위치로 인하여 유럽의 미래 구상에 있어서 매우 중요한 역할을 맡고 있다.

독일은 나토(NATO)와 유럽연합(EU)의 회원국으로서 매우 신뢰받는 동맹국이자 파트너로서 역할을 다하고 있다(〈그림 1.5〉참조). 또한 독일은 자유를 보장하고, 국제적 위협에 대응하며, 민주주의 및 인권 신장을 위해 국제연합(UN)뿐 아니라 유럽안보협력기구(OSCE) 및 다른 국제기구들과 지속적으로 협력관계를 유지해 나가고 있다. 독일은 동유럽국가들, 카우카서스 남부지역, 중앙아시아, 그리고 지중해 지역의 국가들에 대하여 적극적인 우방국 정책을 실시하고 있으며, 러시아와 지속적이고 견고한 우방관계를 발전 및 심화시켜나가고 있다. 그 밖에도 지정학적

한눈에 보는 EU

EU 확대
EU는 6개국에서 27개 회원국으로 확대하는데 성공했다(2007). 현재 크로아티아와 터키와는 가입협상이 진행 중에 있으며, 구유고슬라브마케도니아공화국은 공식적 가입후보국이고, 나머지 서방 발칸국가들은 잠재적 가입후보국이다.

■ EU 회원국
▨ 가입협상 진행
▨ 가입후보국

❶ 스웨덴
❷ 핀란드
❸ 아일랜드
❹ 영국
❺ 덴마크
❻ 에스토니아

❼ 라트비아
❽ 리투아니아
❾ 폴란드
❿ 독일
⓫ 네덜란드
⓬ 벨기에

⓭ 룩셈부르크
⓮ 체코
⓯ 슬로바키아
⓰ 오스트리아
⓱ 헝가리
⓲ 슬로베니아

⓳ 크로아티아
⓴ 프랑스
㉑ 포르투갈
㉒ 스페인
㉓ 이달리아
㉔ 루마니아

㉕ 불가리아
㉖ 그리스
㉗ 몰타
㉘ 터키
㉙ 사이프러스
㉚ FYR마케도니아

〈그림 1.5〉 유럽연합(EU) 회원국 현황　　　*출처: 독일에 관한 모든 것

으로 떨어진 지역의 국가들과 안보 정책적 동반자 관계를 발전시켜나가는 것에 큰 의미를 두고 있다.

1.2 독일 연방군

연방군 창설

독일은 국가형태가 연방국이기 때문에 군대 또한 연방군(Bundeswehr)이라 부른다. 독일은 제2차 세계대전에서 패한 후 미, 영, 불, 소 연합군의 명령으로 어떠한 종류의 재무장 계획도 허용되지 않았다. 이에 따라 서독은 완전히 무장해제된 상태에 있었으며, 소규모의 국경수비대와 작은 함대만을 보유하고 있었다. 그러나 한국 전쟁 후 민주주의 진영과 공산주의 진영 사이의 긴장이 높아짐에 따라 독일의 비무장화 정책에 변화가 생기게 되었다. 동독은 이미 소련의 영향으로 은밀하게 재무장을 실시하고 있었으므로, 이에 자극을 받은 미국과 영국 그리고 프랑스는 서독의 재무장 정책을 허가하였다. 1950년에 콘라트 아데나워(Konrad Adenauer) 초대 연방 수상은 구 독일(나찌 독일)의 국방군(Wehrmacht) 장군 15명을 모아서 재무장의 기술적인 가능성을 검토하게 하였다. 미국과 영국 그리고 프랑스 3개국은 독일의 재무장에 대해 이견이 있었으나 결국 1954년 독일의 나토(NATO)가입을 승인하였으며, 이에 따라 연방군은 게르하르트 폰 샤른호르스트(Gerhard Johann David von Scharnhorst)의 200번째 생일인 1955년 11월 12일에 정식 창설되었다. 서독은 1955년에 NATO 참가국이 되었으며, 1956년에는 18세부터 45세까지의 모든 남성 국민에게 병역의무를 부과했다.[2]

연방군은 1955년 창설이후 1990년 통일이 되기까지 냉전기간 동안

---

2) 위키피디아 '독일연방군' 자료 검색결과를 참조.

서유럽 방위의 주력군이 되었으며 상비전력 495,000명과 예비군 75만 명을 유지하였다. 미군을 주축으로 한 외국군은 7개국 14개 사단 약 40만 명이 주둔하였으며, 약 2만 명으로 편성된 국경수비대를 별도로 운영하였다. 동독을 상대적으로 빈약한 220,100명의 상비전력과 32만 명 규모의 예비군을 유지하였으며, 소련군 385,000명이 동독지역에 주둔하였다. 국경수비를 위해 국경수비대 47,000명을 준군사부대로 편성하였다.[3]

동·서독군 통합

통일후 연방군의 병력규모는 '독·소 합의' 및 '2+4 회담' 결과에 의거 37만 명 이하로 규제되었다. 이에 따라 독일연방군의 군사력은 통일 직후 524,900명에서 37만 명으로 154,900명이 감축되었으며, 육·해·공군의 감축비율은 통일 전 서독군의 비율을 고려하여 산정되었다.

통일과정에서 동독의 국가인민군은 해체되었다. 해체된 국가인민군들 중에서 약 5만 명이 공식적으로 연방군에 흡수되었지만, 이들 중 상당수가 전역 조치되었으며, 계속 근무가 가능한 대부분의 동독군인들은 국가인민군 시대보다 더 낮은 계급을 새롭게 부여 받았다. 그럼에도 불구하고 국가인민군의 통합과정은 매우 순조롭게 이루어졌으며, 성공적으로 통합되었다.

연방군 개혁

연방군은 1955년 창설된 이래 통일이 될 때까지 4회의 군 구조 개선사업을 실시하였으며, 군사통합 직후부터 1994년까지는 제5차 군구조 개선사업을 추진하였다. 제5차 군구조 개편의 가장 큰 특징은 최고사령부로부터 말단 소대에 이르기까지 총체적인 구조개편이라는 점이다. 각

---

3) 하정열, 『한반도 통일후 군사통합방안』(팔복원, 1996), 70쪽

군의 사령관과 군단장 중간에 지휘사령부(작전사령부)를 편성하였으며, 야전군과 향토방위군을 통합하여 단일지휘체계를 확립하였다. 부대들은 전후방의 구분없이 전국적으로 균등하게 배치되었다. 사단과 여단의 수를 줄였으며, 전차대대의 3각 편제는 4각 편제로, 기계화보병대대의 4각 편제는 5각 편제로 증편되었다. 해군은 해상전력의 약 50%, 해군 항공기의 35% 등을 감축하여 양적 경량화를 추구하는 한편, 장비의 질적 개선을 통한 해상 전투력의 극대화를 추진하였디. 공군은 병력면에서 축소되었으나, 통일로 인해 확대된 영공방어를 위해 2개 비행사단을 4개 비행사단으로 확장하였다. 그러나 공격비행단은 9개에서 3개의 전투/폭격비행단으로 대폭 축소하였다.

1999년에 독일연방군은 에른스트 울리히 폰 바이츠예커(Ernst Ulrich von Weizsaecker) 전직 대통령을 위원장으로 하고 정위원 20명, 자문위원 107명이 참여하는 특별위원회를 구성하여 국방개혁을 추진하였다. 독일연방군은 안보정책적 상황 변화에 따라 독일군의 임무가 확대되고(국제화 및 다국적군화에 대한 요구), 미래 작전양상 및 NATO요구 수준에 따른 능력 향상이 요구되었으며, 국방재원과 병력 운영여건이 악화됨에 따라 대단위 국방개혁을 추진하게 되었다.

육 · 해 · 공군과 의무군의 4군 체제에 추가하여 합동군을 창설하고, 여기에 각 군 휘하의 지원사령부를 통합시켰다. 병력구조를 336,500명에서 279,000명으로 축소하는 과정에서, 육 · 해 · 공군은 감축되었으나, 의무군과 합동군은 대폭 증강되었다. 군단급 지휘제대를 폐지하고 작전사령부가 사단을 직접 지휘통제토록 하였다. 전투수행개념 또한 공세적 기동전의 기본정신을 기반으로 하되 전투정찰기능을 확대시키고, 정보-기종-화력이 통합된 다능적 체제로 발전시키었다. 군사력 건설을 위해 위원회를 구성하고 이와 관련된 총장의 권한을 대폭 강화시켰다.[4]

---

4) 김용주. 독일 국방정책 연구 (화랑대연구소, 2002).

독일연방군의 개혁은 또 다시 계속되었다. 2003년 5월에 국방부 장관 피터 스트룩(Peter Struk)은 방위정책노선을 통하여 독일의 안보정책적 환경변화에 따른 연방군 변혁(Transformation)의 당위성을 제시하고 독일의 국방정책이 다국적 연대와 투입에 적절한 연방군 건설을 목표로 변혁되어야 한다는 것을 발표하였으며, 이어서 2004년 8월에 새로운 연방군 개념을 발표하였다. 이에 따라 연방군은 2010년을 목표연도로 하여 완전히 새로운 군 구조를 갖추게 되었다. 약 250,000명의 군인들이 개입군, 안정화군, 그리고 지원군 집단으로 분류되었으며, 각 집단은 육, 해, 공군 및 합동지원군으로 구성되었다. 개입군은 다국적이고 통합군적으로 고강도의 네트워크 작전을 위해 편성되었으며, 안정화군은 다국적이고 통합군적인 중, 저강도의 군사작전과 장기간에 거쳐 넓은 스펙트럼 상에서 평화안정적인 대책들을 위해 편성되었다. 지원군은 개입군과 안정화군이 국내 및 국외에서의 전투준비와 실시에서 포괄적이고 효율적으로 지원받을수 있도록 편성되었다. 민간인력도 120,000명에서 75,000명으로 축소하고 예비역은 2,500명 수준을 유지하도록 하였다.

2011년은 독일연방군에게 또 다시 새로운 변화가 이루어지는 해가 되었다. 독일 국방부는 2010년 4월 연방군의 근본적인 혁신을 위해 구조위원회를 설치하여 변혁을 준비하였으며, 2011년부터 본격적으로 변혁을 추진하였다. 2011년 5월 18일 독일 국방부 장관 드메지에르는 국방개혁을 위한 「新 국방전략 지침」을 발표하였다. 「新 국방전략 지침」의 핵심은 "국가이익 수호, 국제책임 이행, 국제안전 보장"으로 군 구조 개편 지침의 근간이 되고 있다. 군 구조 개편을 위한 주요 추진내용은 다음과 같다.[5]

① 연방군은 18만 5천명 규모의 병력을 유지하며, 5만 5천명 규모의 군무원

---

5) 최창규의 비공개 자료를 인용하였음.

을 보유한다.

② 인력획득 및 운영, 일자리 창출 등은 국방개혁시 무엇보다 고려해야 할 중요한 요소이다. 연방군은 교육체계를 미래 지향적으로 재검토해야 하며 인적자원 개발을 위해서 보수 및 양성교육, 경력관리의 투명성을 재고해야 한다.

③ 인력분야는 정부 차원에서 필요한 대책 및 법안이 마련되어야 한다.

④ 연방군은 지원 복무병 확충을 위해 홍보노력을 강화해야 한다.

⑤ 주둔지 통폐합 및 해체는 기능, 비용, 효율성을 분석하여 시행한다.[6]

⑥ 연방군은 책임감 있는 국가조직으로 포괄적 국가안보에 기여해야 한다. 따라서 예비군은 향후 비중 있는 역할을 수행해야 하며 향토 방위군과 관련 조직은 지역별 군 임무수행을 한층 더 강화할 수 있도록 재정비되어야 한다..

⑦ 국방비는 연방군 임무를 고려하여 산출해야 하며 지속적인 투자가 가능해야 한다. 특히 해외파병 군이나 연합전력 유지를 위한 충분한 예산이 확보되어야 한다.

⑧ 미래 연방군은 조직규정을 원칙으로 모든 영역에서 구조 및 기능을 통폐합한다.

⑨ 국방부 본부는 국방부 장관, 합참의장, 사무차관, 정무차관으로 구성되며 국회업무시 정무차관이 장관을 보좌한다. 합참의장은 국회 군사자문 역할 뿐만 아니라 군 최고 지휘관으로서 군령권을 행사한다.[7] 국방부는 9개 실로 편성되며 인력은 2천명을 유지한다.[8] 인력감축은 실장급 책임하 전 계급 및 직위에 걸쳐 시행되며 일반적으로 민군 혼합편성을 원칙으로 한다. 기존에 국방부 내 위치하던 각 군 본부는 타 지역으로 이전한다.[9]

⑩ 연방군 편성은 현행대로 육군, 공군, 해군, 의무군, 합동지원군을 유지

---

6) 380여개 주둔지 중 64개 주둔지를 해체한다.

7) 합참의장 지위격상 : 장관 군사보좌역 → 군 최고 지휘관, 기존에는 히틀러 독재 과거역사로 인해 특정한 1인에게 권한이 집중되지 못하도록 합참의장에게 지휘권을 부여하지 않았음.

8) 조직 : 17실 → 9실, 인력 : 3,500명 → 2,000명으로 감축된다.

9) 육군본부(슈트라우스베르크, Strausberg), 공군본부(베를린, Berlin), 해군본부(로스톡, Rostock), 합동지원군 사령부(본, Bonn), 의무사령부(코블렌쯔, Koblenz)는 이전한다.

한다.

⑪ 무기획득, IT시스템[10], 작전지원은 상호 통합된다. 또한 국방부는 무기획득 절차 검증을 위해 외부 전문가로 구성된 위원회를 구성하여 현 시스템을 재검토한다.

⑫ 국내외 군 인프라 구축 및 유지는 우선적으로 시행되어야 하며 연방군은 업무효율성 향상을 위해 인프라 및 서비스 체계를 재검토한다.

연방군의 미래 모습

독일군은 이미 2011년 7월 1일자로 55년간 유지되어 오던 병역 의무제를 폐지하고 모병제를 도입하였다. 2017년을 목표연도로 설정한 혁신안에 따르면 현재 본(Bonn)과 베를린(Berlin)에 이원화된 국방부를 베를린으로 일원화하고, 기존의 17개 부서를 9개로 통폐합하여 3,500명을 2,000명으로 감축한다. 부서별 보직을 민군 혼합편성 방식으로 운영함으로써 조직의 슬림화와 업무의 효율성을 추구한다. 아울러 국방부 예하 6,500여개 조직과 380여개의 주둔지를 기능성과 효율성 측면에서 264개로 줄여간다.

또한 그 동안 실질적인 지휘계통에 있지 않았던 각 군 총장을 작전사령관으로 임명하고, 국방장관 및 연방 총리의 군사자문 역할을 수행했던 합참의장에게 실질적인 군 최고 지휘관의 권한을 부여하여 각 군 총장을 직접 지휘하도록 하였다. 각 군 총장의 위치도 기존의 국방부에서 작전사령부로 배치하여 현장에서 작전을 지휘하는 단일지휘체계를 지향하고 있다.

---

10) 정보화 사업을 체계적으로 추진하기 위해 2002년 3월 국방부 예하에 IT청을 설립하여 하드웨어, 소프트웨어 분야에 민간자본 및 기술을 도입하고 있다.

육군

육군은 82,000명에서 57,000명으로 30%를 감축한다. 현재 5개 분쟁지역을 동시에 운영하기 위해 5개 사단 11개 여단 체제를 유지하고 있으나, 이를 2개 분쟁지역과 1개 해양지역으로의 파병에 대비하기 위해 3개 사단 8개 여단 체제(기계화보병사단, 기갑사단, 특수작전사단)로 전환한다. 미래 전투부대는 여단급 단위로 편성된다. 연합작전 부대로 독·불 여단, 다국적 군단, 독·네군단, 유로군단을 유지한다. 육군청은 육군 기능사령부로 개편된다. 미래 육군편성은 〈표 1.1〉과 같다.

〈표 1.1〉 미래 육군 편성표

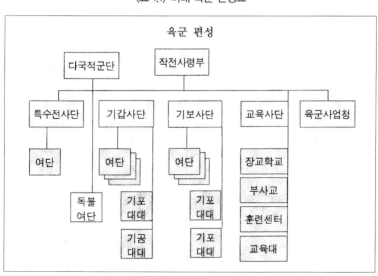

*출처: http://www.bundeswehr.de

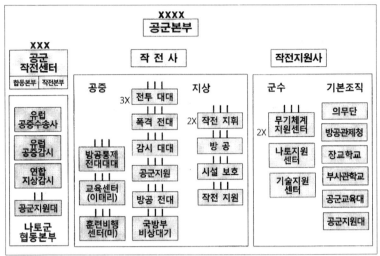

*출처: http://www.bundeswehr.de

〈표 1.3〉 미래 해군 편성

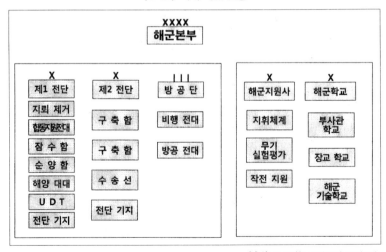

*출처: http://www.bundeswehr.de

공군

공군은 34,0000명에서 22,000명으로 35%를 감축한다. 공군은 과거 적과의 공중전 임무로부터 고강도 공중작전 지휘능력을 상실하지 않는 범위 내에서 공중작전을 지휘하고 감시 및 정찰하는 임무로 전환된다. 공군은 크게 3부분으로 편성되는데, 먼저 작전사령부는 기존의 사단급 편성을 해체하고 전대 단위 편성으로 전환한다. 작전지원사는 지원업무를 수행하며, 군수지원조직과 교육 중심의 기본조직으로 이루어져 있다. 작전센터는 연합작전을 담당하며, 유럽공중수송사, 유럽 공중감시단 등 나토군 합동본부를 통제한다. 미래 공군편성은 〈표 1.2〉와 같다.

해군

해군은 15,000명에서 13,000명으로 13%를 감축한다. 해군 또한 사단급 부대를 해체하고 해군 작전센터(MOC)를 포함한 통합사령부를 편성한다. 해군에는 2개 전단과 1개 항공여단, 해군지원사, 해군학교로 구성된다. 미래 해군편성은 〈표 1.3〉과 같다.

합동지원군

합동지원군은 58,000명에서 36,000명으로 38%가 감축된다. 합동지원군은 크게 3개 집단으로 통합되는데, 작전을 직접 지원하는 작전지원부대 및 유관 교육기관 집단, 지역안보를 지원하고 훈련장을 관리하며 화생방 사령부를 지휘하는 영토방위 사령부, 그리고 군사협력과 연구 및 관리를 주관하는 부서들로 구성된 합동지원군청과 상위제대 연구소 및 학교기관 등이다. 미래 합동지원군의 편성은 〈표 1.4〉와 같다.

〈표 1.4〉 미래 합동지원군 편성

*출처: http://www.bundeswehr.de

의무군

　의무군은 19,000명에서 14,000명으로 26%가 감축된다. 의무군은 크게 4집단으로 구분된다. 첫 번째는 병원 및 의무연구소들이다. 두 번째는 의무작전을 지원하는 사단급 부대이다. 3개 의무연대와 의무교육연대 및 신속대응연대가 있다. 세 번째는 지역의무지원대로서 사단급 부대규모이며, 예하에 15개 의무지원센터와 105개의 의무보급센터가 있다. 네 번째는 의무학교이다. 〈표 1.5〉는 의무군의 편성을 나타낸 것이다.

〈표 1.5〉 미래 의무군 편성

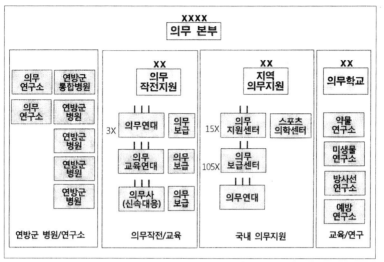

*출처: http://www.bundeswehr.de

1.3 연방군 지휘개념

프로이센이라는 역사적 전통을 가진 독일의 군대는 양차 세계 대전에서 패전하고 난후 1955년 독일연방군으로 새롭게 탄생하였다. 그 동안 독일연방군은 시대적 안보상황에 따라 매우 탄력적이고 신속하게 그리고 효과적으로 여러 차례의 변혁을 시도해 왔으며, 가장 최근인 2011년에 또 다시 새로운 혁신을 추진하였다. 새로운 혁신은 독일연방군을 '작지만 강한 군대', '고효율성과 탄력성을 갖춘 군대'로 변화시켜가고 있다. 그러나, 계속되는 개혁 속에서도 변함없이 유지되고 있는 독일 연방군의 지휘 철학 내지는 지휘 원칙이 있다. 그것은 바로 '임무형 지휘(Führen mit Auftrag)'와 '내적 지휘(Innere Führung)'이다.

임무형 지휘는 주로 전술적 상황에 적용되는 '임무형 전술(Auftragstaktik)' 개념을 교육, 훈련, 부대관리 등 군사적 임무 전반에 확대하면서 생성된 개념으로 독일 육군의 최고 지휘원칙이다.[11] 독일군의 임무형 지휘는 미 육군과 한국 육군에서 지휘개념으로 채택될 정도로 잘 알려져 있는 개념이다. 반면에 내적 지휘는 민군관계 혹은 리더십과 관련된 분야의 일부 연구자들을 제외한 대부분의 사람들에게 잘 알려져 있지 않은 개념이다. 내적 지휘는 군대사회의 특성과 민주주의 시민사회의 특성을 결합시킨 개념으로서, 개인의 자유와 권리를 최대한으로 보장하면서 동시에 각 개인의 군사적 수행능력을 최대화하는 데에 그 핵심적 역할이 있다. 이러한 내적 지휘 개념은 공산권에 있었던 동유럽과 중앙아시아 국가들이 민주화되면서 적극적으로 수용하여 밴치마킹하고 있는 개념으로 임무형 지휘와 더불어 독일을 이끄는 양대 개념에 해당된다.

연방군의 임무형 지휘는 1806년 보불전쟁에서 패한 프러시아가 패전의 원인을 분석하고 전반적인 군사 개혁을 단행하는 과정에서 태동된 개념이다. 그런데 내적 지휘 또한 이와 유사한 시점에서 태동되었다고 보아야 할 것이다. 1808년 프러시아의 원수인 그나이제나우는 『태형의 폐지』라는 논문을 발표하면서 프랑스 혁명의 결과로 생긴 자유의 개념에 대해 언급하였다. 그러면서 그는 민간 사회에서 이미 시정된 것들은 군내에서도 역시 통용되어야 한다는 것을 명확히 하였다. 이러한 생각들은 곧 군에서도 군인들에게 시민으로서의 권리를 보장해 주어야 한다는 개념의 발전에 큰 영향을 미쳤다고 볼 수 있다. 즉 프러시아의 군사 개혁은 임무형 전술의 발전뿐만 아니라 내적 지휘의 토대를 이루었다.

---

11) 독일연방군의 임무형 전술개념은 월남전 이후 미군에 의해 적극적으로 검토되었으며, 통제형 지휘(detailed command)와 대비되는 개념으로 임무형 지휘(mission command)라 불렸다. 2003년 미 육군은 임무형 지휘를 육군의 지휘개념으로 공식 채택하였다. 한국군은 1998년도에 임무형 지휘개념의 연구를 본격적으로 시작하였고, 1999년에는 육군의 지휘개념으로 채택하였다.

임무형 지휘와 내적지휘는 어떤 관계일까? 독일연방군의 내적지휘 교범[12]을 보면, 내적지휘의 기본원칙들 중 하나로서 "임무형 지휘 (Führen mit Auftrag)를 적용하라"는 항목이 명시되어 있다. 이러한 의미에서 내적 지휘는 임무형 지휘의 성공적인 구현에 필수적인 조건이라고 볼 수 있다. 또한 내적지휘 개념은 독일군 간부들의 행동지침으로 병영생활 전반에 적용되며, 군의 작전태세 확립과 방위임무 완수에 필요한 가장 중요한 전제 조건이며, 전장에서 임무형 지휘를 가능케 하는 바탕이 되고 있다.[13] 이러한 사실은 곧 내적지휘가 제대로 정착되지 않고서는 임무형 지휘가 제대로 구현되기 어렵다는 것을 의미한다. 그렇게 때문에 독일연방군은 내적지휘와 임무형 지휘에 대한 교육을 기초군사훈련 과정에서부터 고위직책의 장교교육 과정에 이르기까지 거의 전 교육과정에서 체계적으로 실시함으로써 군 구성원 전원에게 공통된 가치와 지휘원칙들을 공유시키려 노력하고 있다.

그 동안 한국군은 전적으로 미군의 군사 시스템에 의존하여 오면서도, 부분적으로는 독일군의 선진화된 정책, 제도, 무기, 장비, 교육방법, 전술개념 등을 도입하여 왔다. 한국 육군에 임무형 전술(지휘)이 소개된 지도 거의 40어년이 다되어 가며, 1999년에는 육군의 지휘개념으로 채택되기도 하였다. 그럼에도 불구하고 임무형 지휘는 아직까지 한국 육군에 제대로 근착되지 못하고 있는 실정이다. 여기에는 여러 가지 이유가 있을 수 있겠으나, 가장 근본적인 이유는 바로 임무형 지휘가 구현될 수 있는 교육 및 문화적 토대가 미흡하기 때문이다. 앞서서 임무형 지휘의 구현에 있어서 필수적인 조건은 바로 내적지휘의 정착이라고 언급하였다. 이것은 곧 내적 지휘에 대한 올바른 이해와 수용이 없이는 임무형 지휘가 제대로 작동될 수 없음을 의미한다.

이러한 의미에서 본서에서는 내적지휘와 임무형 지휘, 양자에 대한

---

12) 『내적지휘』 ZDv 10/1 은 독일연방군의 중앙근무규정이다.
13) 외팅, 박정이, 『임무형 전술의 어제와 오늘』, 백암, 2011.

본질적인 이해를 제공하고, 아울러 이들 개념들을 한국군에 효과적으로 적용하기 위해 고려되어야 할 여러 가지 사안들에 대하여 논의하고자 한다.

제2장
내적 지휘의 본질

2.1 군대문화와 시민문화의 공존 가능성

언젠가 학교장이 주관하는 아침 상황회의 시간이었다. 진급과 더불어 곧 이임하게 되는 학교장은 마지막 상황회의를 주관하면서 간부들에게 이렇게 갑작스러운 질문을 던졌다.

"여러분들은 군에 민주주의가 있다고 생각하십니까?"

학교장의 질문에 당황하던 간부들은 한동안 대답이 없었다. 그러다 어느 한 소령이 손을 들더니 자신있게 대답하였다.

"예 군대에서는 상관 지시에 대해 절대복종이 생명이기 때문에 민주주의가 있어서는 안된다고 생각합니다!"

그러자 학교장은 재차 동일한 질문을 던졌다. 이번에는 필자가 대답하였다.

"예 군의 특성과 민주주의가 조화를 이루어야 한다고 생각합니다!"

그러자 학교장은 필자의 대답이 군에 민주주의가 있다는 것을 의미하는지 물어보았다. 이에 필자는 재차 동일하게 응답하였다.

"예, 군의 특성과 민주주의가 조화를 이루어야 한다고 생각합니다!"

이에 학교장은 필자의 대답을 군에 민주주의가 있다는 의미로 받아들인다면서 다음과 같이 말하였다.

"예, 저는 군에 민주주의가 있어야 한다고 생각합니다!"

앞에서 언급된 사례를 보면, 군대문화에 민주주의의 시민문화가 공존할 수 있는지에 여부에 대해 확신이 없다는 것을 알 수 있다. 다른 한국군 장교들을 대상으로 군에 민주주의가 있어야 하는지 여부를 물어본다면 거의 대부분은 군에 민주주의란 없다고 응답할 것이다. 그 이유는 군조직이 임무완수를 위해 개인의 자유와 이익은 물론 생명까지도 전체집단에 귀속시킬 것을 요구하며, 명령과 복종관계에 토대를 두고 있다고 생각하기 때문이다. 6 · 25 한국 전쟁시 군대 내에 민주주의가 가능한지 여부와 관련하여 맥아더 장군의 일화가 있다.

6 · 25 한국전쟁 당시 워커 장군은 낙동강 방어선을 사수하기 위해 "부산으로 후퇴하면 안 된다. 최후까지 싸워야 한다."는 요지의 훈시를 내렸다. 이에 대해 언론에서 "비민주적이고 광신적인 명령"이라고 비난하자, 워커 장군의 상관이었던 맥아더 장군은 "군대에 민주주의가 없다."는 말로 워커 장군을 두둔했다. 이는 시민사회의 가치 척도와 문화로 군대 문화를 평가해서는 안 된다는 것을 의미한다. 크림슨 타이드(Crimson Tide)라는 영화에서도 핵잠수함의 함장인 진 해크먼이 부함장에게 "우리는 민주주의의 수호자일 뿐 실천자는 아니다."라고 말하는 장면이 나온다.

어떤 학자는 시민문화의 특성을 민주주의, 다양성, 실용주의, 개인주의, 유연성, 직업주의로 정의하고, 군대문화의 특성을 권위주의, 획일성, 형식주의, 집합주의, 완전무결주의, 공공조직주의로 정의하면서 양자를 대비시키기도 한다.[14]

그렇다면 군대문화와 시민문화는 결코 융합될 수 없는 것일까? 1978년에 발표된 미 육군의 한 연구보고서(Report of Education and Training for Officers)는 군대문화를 시민문화의 반정립으로 보는 견해를 취하면

---

14) 홍두승, 『한국군대의 사회화』(도서출판 나남, 1993), 124쪽

서도 "원숙한 장교가 생각하고 결심할 일은 시민문화와 군대문화의 모순된 가치를 합리적으로 조화시키는 것"이라고 주장함으로써 두 문화를 대립적인 관계로만 파악하지 말도록 주의를 주고 있다. 즉 이 보고서는 군대문화와 시민문화의 차이를 인정하면서도 이 차이를 극복하는 것이 장교들의 역할이라는 점을 강조하면서 두 문화가 융합될 수 있는 가능성을 제시하고 있다.

프러시아는 나폴레옹이 이끄는 프랑스 군에 대패한 후 패전을 거울삼아 19세기 시민사회의 가치들을 군에 도입하여 군사 개혁을 단행했다. 당시 군 개혁자인 샤른호르스트는 프러시아 군대를 '국민의 군대'로 육성하고자 병역의무제를 채택함과 동시에 시민사회의 합리적 가치를 군에 도입했다.[15]

그러나 무엇보다도 군대문화와 시민문화가 융합될 수 있음을 보여주는 가장 대표적인 사례는 바로 제2차 세계대전 후 새롭게 창설된 독일 연방군이 추구하였던 '내적 지휘' 개념 정립이다. 〈그림 2.1〉은 내적지

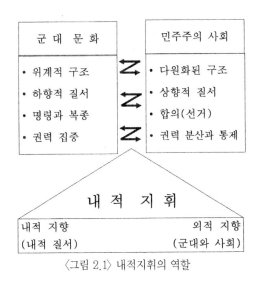

〈그림 2.1〉 내적지휘의 역할

---

15) 장용선 외. 『군대윤리』(도서출판 봉명, 2002). 95쪽

휘의 역할을 간략하게 보여주고 있다. 이제부터 내적지휘의 역사적 기원과 개념에 대하여 자세히 알아보고, 실제적으로 어떤 분야에 적용되고 있는지 살펴보고자 한다.

2.2 내적 지휘의 근원

내적 지휘는 임무형 지휘와 더불어 독일 연방군을 이끄는 양대 지휘원칙이다. 내적 지휘는 1950부터 독일연방군의 재무장을 계획하는 단계에서 내적지휘의 아버지들로 불리우는 장군들(Ulrich de Maiziere, Wolf Graf von Baudissin, Johann Adolf Graf von Kielmansegg)에 의하여 정립되었다. 독일 연방군이 내적 지휘를 공식적인 지휘원칙으로 설정한 근원은 크게 두 가지이다. 그 중 하나는 독일이 갖고 있는 특수한 역사적인 귀결이며, 다른 하나는 기본법과 연관되어 있다.

역사적 귀결

독일 연방군의 내적 지휘는 19세기 후반에 실시된 프로이센의 군사개혁 정신을 계승하고, 20세기 전반에 존재하였던 바이마르 공화국의 제국군과 제 3제국의 히틀러 군대의 속성에 대한 반성적 숙고에서 탄생된 개념이다.

1806년 나폴레옹과의 전투에서 대패한 프로이센은 대대적인 군사 개혁을 시도하였는데, 그 중에서 내적 지휘와 연관된 주요 이슈는 '국가를 방위하는 국민의 개념', '국민 병영의무제', '사회와의 결속', '훈육수단의 제한과 통제' 등이다. 군인의 신분에 대한 정의에서 군인 역시 '국민의 한 사람'이라는 개념이 강조되었으며, 인간으로서의 가치가 군에서도 마찬가지 존중되어져야 한다는 생각이 강조되었다. 군에서 태형을 금지하는 등 지휘관들의 훈육 권한과 방법을 제한하였다. 이와 같은 프로이센의 개혁정신은 향후 민주주의를 수호하는 독일 연방군에 영향을 주었으며, 이로 인하여 의회의 통제를 받고 정치가 우선되며 인권이 존중되고 기본법과 법적 질서에 의해 움직이는 연방군의 정신이 탄생하게 되었다.

반면에 바이마르 공화국은 독일 영토에서 최초의 민주주의 국가로 탄생하였지만, 이 시대의 군대인 제국군(Reichswehr)은 민주주의 이전 단계인 제국주의적 전통에 기초하여 내적 구조를 갖추고 있었다. 제국군은 엘리트 간부들에 의해 지배되는 직업군의 속성을 갖고 있으면서 "국가속의 또 하나의 국가(a state within a state)", "대통령의 군대"로 존재하였다. 또한 봉건주의적 전통과 개인에 대한 충성이 중시되었다. 국가사회주의와 히틀러에 의해 건설된 제3제국의 방위군(Wehrmacht) 역시 히틀러와 나찌 당의 군대로 존재하였으며, 인권 존중보다는 증오에 찬 전사적 전통을 중시하면서 절대적인 복종과 히틀러에 대한 충성을 강조하였다.

이러한 역사적 경험에 대한 반성적 검토를 통하여 1950년대에 연방군을 새롭게 건설하면서 가장 중요하게 고려한 사항들 중 하나는 과거 히틀러 시대와 같이 군이 오용되어 세계적인 비난의 대상으로 낙인찍힌 역사적 오점을 다시는 반복하지 않아야 한다는 것이었다. 이를 위해 새롭게 건설되는 연방군은 자체의 권력에 의해 운영되는 '국가 속의 또 하나의 국가'가 아니라, 의회의 통제를 받는 문민통치 방식에 의거하여 운영되는 군대의 성격을 띠도록 하였다. 이처럼 연방군의 내적지휘는 특수한 역사적 상황 속에서 탄생한 개념으로서 사회와 군대 간의 관계를 새롭게 정립하려는 노력의 결과이며, 다른 한편으로는 새롭게 창설되는 군에 부담요인으로 작용하는 역사적 비난을 이어 받지 않으려는 의도의 산물이다.

기본법의 정신

독일 연방군의 내적 지휘는 독일에 특수한 역사적 경험과 더불어 1949년에 제정되고 통일 독일의 헌법이 된 기본법의 정신을 구현하는 개념이다. 독일의 기본법(Grundgesetz)은 민주주의 법치국가의 원칙들과 인권을 존중하는 헌법이다. 기본법의 가치체계는 특별한 역사적인 경험뿐만 아니라 유럽에서 백 여 년을 거쳐 발전되어 온 철학과 윤리적 시스템에 기초한다. 무엇보다도 이 가치체계는 인권, 자유, 평화, 정의, 평등, 연대, 민주주의를 보장한다. 기본법의 제1장 기본권(Grundrechte)에는 "인간의 존엄은 불가침이다. 존중하고 보호하는 것은 국가 권력의 의무이다"라고 명시되어 있으며, 일반적인 인격권, 법률 앞에서의 평등권, 신앙의 자유, 표현의 자유, 참정권 등을 보장하고 있다. 이와 같은 독일의 기본법은 조직 차원에서 군대의 특성과 개인차원에서 '제복을 입은 국민'의 특성을 결정지워 주고 있다.

조직차원에서 연방군은 기본법의 원칙에 입각하여 국가 내에서의 연방군의 위상과 연방군 내에서의 장병들의 위상을 규정하고 있다. 또한 연방군에 대해서도 민주적으로 합법적인 정치적 의도가 우선한다(Primacy of politics)는 것을 중시한다. 즉 독일의 안보 및 국방정책이 추구하는 원칙과 관심들이 더 우선시 된다는 의미이다.

개인차원에서 기본법은 군에서도 인간적 가치와 기본권이 보장되어야 하며, 이를 위해 법을 제정하고, 교범과 지휘방침을 통하여 훈련시키고 통세함으로써 '제복을 입은 국민'의 정신이 구현될 것을 요구한다. 이에 따라 독일 군법은 군인들도 일반 시민에게 부여된 권리와 자유를 보장받으면서도 신체를 훼손당하지 않을 권리, 표현의 자유, 집회의 자유, 청원권, 이주의 자유 등에서는 법이 정한 바에 따라 제한받을 수 있도록 하였다.

이처럼 내적 지휘는 독일 기본법의 가치와 규준들이 연방군내에서도 동일하게 구현되게 하는 기능을 갖고 있다. 즉 내적 지휘는 자유, 민주

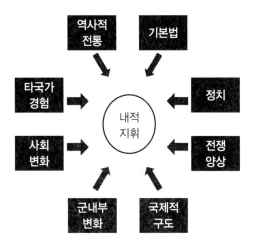

〈그림 2.2〉 내적 지휘 개념 영향 요인들

주의, 그리고 법치국가의 원칙들을 군에 정착시킴으로써 "제복을 입은 국민"의 정신을 구현시키는 개념이다. 내적지휘는 이를 통하여 군사적 임무수행 역량을 극대화시키고 동시에 자유민주주의의 기본질서 속에서 주어진 장병들의 자유와 권리가 최대한 보장받게 하는 개념이다.

  독일연방군의 내적 지휘는 앞서 설명한 역사적 전통과 과오에 대한 반성 그리고 기본법의 정신에 따라 존재 목적과 목표가 결정되어 졌다고 볼 수 있다. 그러나 독일군의 내적 지휘는 비단 이 뿐만 아니라 〈그림 2.2〉에 제시한 바와 같이 국제적인 구도와 국내 정치적 구도, 미래의 전쟁 양상과 사회의 변화 등도 영향을 미치었다고 볼 수 있다.

2.3 내적 지휘 개념

내적지휘 정의

내적지휘를 한 마디로 정의하기는 어렵다. 연방군의 내적지휘 교범에서는 내적 지휘에 대해 "기본법의 가치들을 군대의 임무수행 과정에서 구현하는 개념"이라고 정의하고 있다. 즉 내적 지휘의 과업은 각 개인에게 부여된 자유로운 국민으로서의 권리와 군인으로서 요구되는 의무 간에 발생하는 대립구도를 조정하고 유지하는 것으로 정의되고 있다. 이렇게 보면 내적지휘가 추구하는 목표와 역할 그리고 실천 내용을 종합하여 아래와 같이 정의할 수 있다.

> 내적 지휘는 민주주의 체제에서 기본법의 규준과 가치들을 전투준비가 된 군대에 적용하고 『제복을 입은 국민』을 구현하기 위해 지휘하고, 교육하고, 훈육하는 과업이다.

앞에서 기술한 정의에서 읽을 수 있는 내적 지휘의 궁극적인 목적은 군을 민주주의 법치국가에 결속시키는 것이며, 군에서도 인권과 기본권이 보장받도록 하는 것이다. 이와 같은 내적 지휘의 궁극적인 목적은 법, 정치적 관심 우선, 합법성, 통제기구, 내적 질서, 교범, 훈련 등 다양한 형태의 활동을 통하여 「민주주의를 수호하는 군」을 육성하고 「제복을 입은 국민」을 구현하는 것이다.

제복을 입은 국민(Staatsbürger in Uniform)

내적 지휘 개념의 핵심이며 구현목표가 되는 「제복을 입은 국민」[16] 이

---

16) 「제복을 입은 국민」과 동일한 개념으로 「제복을 입은 시민」이라는 용어를 사용하기도 한다. 그러나 독일어 자체로 보면 시민 보다는 국민으로 번역하는 것이 더 합당하다고 판단되어 본 서에서는 시민대신에 국민이라는 표현을 사용한다.

라는 개념은 오랜 역사적 뿌리를 갖고 있다. '제복은 입은 국민'의 개념은 프러시아의 개혁과정(1807~1814)에서 샤른호르스트(Scharn- horst)가 "무장한 시민(Bürger in Waffen)"이라고 지칭한데서 그 유래를 찾을수 있다. 프러시아는 군사개혁 과정에서 당시 군에서 쉽게 볼 수 있었던 '태형'과 같이 신체적인 고통을 수반하는 형벌들을 금지시키는 등 인간적인 권리들을 보장하기 위해 다양한 조치들을 시행하였다. 개혁을 준비하는 사람들은 군인들도 일반 사회의 시민들과 동일하게 그들의 기본권과 인권을 보장받을 수 있도록 제도와 규정들을 정비하였다. 그리고나서 한참 후에 이 개념은 연방군의 재무장을 준비하는 과정에서 아래와 같이 조금씩 상이하지만 본질적으로는 동일한 개념들로 표현되었다.

- 국민과 유럽 군인(Staatsbürger und europäischer Soldat) : 힘머로드 보고서(Himmeroder Denkschrift), 1950
- 무장한 자유 국민(freier waffentragender Staatsbürger), 국방의무 중인 국민(Staatsbürger im Dienst) : 바우디신(Graf von Baudissin), 1951
- 제복을 입은 국민(Staatsbürger in Uniform) : 사민당 국방전문가, 예) 중령 비어만(Beermann), 1952
- 내적지휘 목표는 자유인, 훌륭한 국민, 유능한 군인 : 국방부 전신인 블랭크, 1953
- 제복을 입은 국민(Staatsbürger in Uniform) : 바우디신(Graf von Baudissin), 1953/54
- 군법의 기본개념은 "제복을 입은 국민" : 독일 의회, 연방정부, 1955
- 제복을 입은 국민(Staatsbürger in Uniform) :내적 지휘 교참, 1957

내적지휘 중앙교범 10-1은 "제복은 입은 국민"의 개념을 세 가지 요소의 결합체로 명시하고 있다(〈그림 2.3〉참조). 하나는 책임의식을 가진 국민이며, 다른 하나는 전투준비가 완비된 군인이며, 또 다른 하나는 자유로운 인격체이다.

〈그림 2.3〉「제복은 입은 국민」개념의 세 구성요소

먼저, 자유로운 인격체라 함은 군인이 인간의 존엄성과 아울러, 헌법
상에 명시된 자유와 권리를 보유하고 있는 인간이라는 의미이다. 예로,
독일군의 내적지휘는 인간의 존엄성을 절대 존중하면서, 인간의 기본권
중에서 군 조직의 특성상 제한 할 수밖에 없는 기본권들만 일부 제한해
야 한다는 인식을 바탕으로 이루어지고 있다. 국민으로서의 권리와 군
인으로서의 의무 사이에서 파생되는 문제를 조화롭게 풀어나가야 한다
는 관점에 주목할 필요가 있다. 국민으로서의 권리에는 신체, 신앙, 언
론, 집회, 사상, 거주이전의 자유, 참정권 등이 있으며, 이 중에서 명령
과 복종을 기본원리로 병영생활을 해야 하는 군인에게 제약될 수밖에
없는 언론, 집회, 사상, 거주이전의 자유 등도 제약을 하되 반드시 필요
한 정도만 제약해야 한다는 의미이다.

둘째, 군인은 책임의식을 갖춘 국민의 한 사람이어야 한다는 의미는
군인이 군 조직 공동체에 대한 중요성을 인식하여 책임감을 갖고 그 공
동체의 목표 달성에 협동해야 하며, 자기 개인의 관(觀)과 의도 등이 타
인의 그것과 상충될 경우 이를 조정하고 양보할 수 있어야 한다는 의미
이다.

셋째, 군인은 전투준비가 완비된 군인이어야 한다는 말은 전·평시 작전임무를 수행할 수 있는 마음의 태세를 의미한다. 즉 군인은 자신의 군복무가 국가방위, 나아가 세계평화 유지와 인권 보호에 긴요함을 인식함과 동시에 생명의 위협을 무릅쓰고 전투에 임할 수 있는 정신자세를 갖추어야 한다는 의미이다.

내적 지휘 목표

독일군의 내적지휘는 크게 정당화(Legitimation), 통합(Integration), 동기화(Motivation), 내적 질서 형성(Gestaltung der inneren Ordnung)이라는 네 가지 목표를 갖는다(〈그림 2.4〉 참조).

첫 번째 목표인 정당화는 군 복무와 군사적 임무의 당위성을 인식시키는 것이다. 군의 구성원들이 군사적 임무, 군인 각자의 임무, 나아가 부대의 임무 등을 명확하게 이해할 수 있도록 하고, 군인 복무에 대한 윤리적 규범, 정치적·법적 근거와 이유를 인식토록 하는 것이다. 실제로 독일 군인들은 군의 존재이유와 왜 군복무를 해야 하는가에 대한 논리에 익숙하다. 정당화의 목표는 모든 상급자들의 과제이며, 목표달성을 위해 정보를 제공하고, 지속적인 교육을 유지하고 윤리적, 정치적 차원에서 논의를 하는 등의 수단을 활용한다. 이를 통하여 군 구성원들은

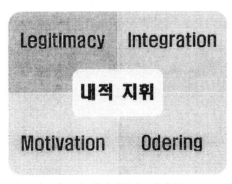

〈그림 2.4〉 내적지휘의 4가지 목표

이해와 통찰, 수용과 가치척도, 그리고 판단역량을 함양하게 된다.

두 번째 목표는 통합으로서, 연방군을 국가와 사회 속에 결속시키고 또 결속되도록 촉구하는 것이다. 또한 독일의 안보정책과 국방정책의 범주 속에서 연방군의 임무를 위한 이해를 국민들에게 촉구하고, 끊임없이 변화되는 군대에 군 구성원들이 적극적으로 결합되도록 하는 것이다. 이러한 목표를 추구하기 위해 연방군은 선거권 보장, 국민교육, 상관을 통한 정보제공, 자유로운 정보접근, 통신매체 이용, 거주지 중심의 소집, 휴가와 외출제한 최소화 등 다양한 제도와 수단을 운영 및 활용하고 있다.

세 번째 목표는 동기화이다. 군 구성원들이 부여된 의무를 자발적으로 완수하고 기꺼이 책임을 맡고 적극적으로 협동할 수 있도록, 군 구성원들의 복무 자세를 강화시키는 것이다. 이는 군 구성원들에게 동기를 부여하고 책임의식을 고취시키는 것을 말한다. 동기화는 역시 모든 상급자의 과제이며, 이들은 정보제공, 신뢰구축, 위임과 허용, 임무형 지휘, 상급자의 모범, 목표의 구체화, 참여, 지휘 유형 등의 수단을 통하여 통찰과 자발성, 자율성과 자기의식 등을 갖추게 하는 것이다.

네 번째 목표는 연방군의 내적 질서를 법질서에 조율시켜 연방군의 임무수행을 효과적으로 수행할 수 있도록 하는 것이다. 군법, 상급자규정, 군인참여법, 군고충규정, 징계규정, 군형법 등의 법들과 교범, 지침, 방침 등의 규정들을 통하여 인권을 보장하고, 자유를 최소한으로 침해하며, 효과적이고 합법적으로 작동되도록 하는 것이다.

2.4 내적 지휘의 원칙들

내적 지휘의 원칙들(Grundsätze)에 관한 개념은 국방 수탁법 (Wehrbeauftragtengesetz)[17]에 근거한다. 비록 법률가들이 이 원칙들을 더 상세하게 정하지는 않았지만, 이들은 윤리적, 법적, 정치적 그리고 사회적 근거에 의거한다. 이 원칙들은 특히 다음에 제시되는 기준들에서 명확하게 인식된다.[18]

첫째는 국가와 사회의 결합이다. 국가 내에는 여러 유형의 사회가 존재하며 이들은 상호 경쟁적일수도 있으나, 모두가 다 국가 내의 한 조직으로서 존재한다. 군대도 마찬가지 사회의 한 유형으로 존재하기 때문에 "국가속의 또 하나의 국가"와 같은 형태로 존재할 수 없다.

둘째, "제복을 입은 국민"의 구현이다. 이에 대해서는 이미 앞에서 충분히 설명이 되었다. 내적지휘는 궁극적으로 군 구성원들이 군에서도 국민으로서의 권리를 보장받으면서, 민주시민으로서의 책임을 다할 것을 요구한다.

셋째, 임무에 대해 윤리적, 법적, 정치적 정당성을 갖는 것이다. 어떠한 임무도 이에 반해서는 안된다는 것을 의미한다.

넷째, 국가적으로 사회적으로 본질적인 가치들이 군에서도 구현되어야 한다는 것이다. 과거 바이마르 공화국에서와 같이 군대가 '국가 속의 또 하나의 국가'로 존재하여 사회와 전혀 다른 시스템이 작용해서는 안된다는 의미이다.

다섯째, 명령과 복종간의 한계를 설정하는 것이다. 명령권자는 주어진 법과 규정에 의거하여 권한을 행사하고 명령을 하달하여야 하며, 하급자는 이러한 명령에 복종하여야 한다.

여섯째, '임무형 지휘' 원칙들을 적용하는 것이다. 임무형 지휘는 내

---

17) 독일 연방군을 통제하고, 군인의 기본권을 보호하기 위한 연방의회의 보조기관에 관한 법
18) 이 원칙들은 독일 연방군 중앙교범 10/1 내적지휘 316항에 명시된 내용들이다.

적 지휘가 정착된 풍토위에서 가장 효과적으로 작용될 수 있는 지휘방식이다.

일곱 째, 법으로 보장된 장병들의 참여권과 기본법에 보장된 조정권을 인식하는 것이다.

이 외에도 내적 지휘의 원칙으로 언급되는 것들을 추가하면 다음과 같다. 먼저 정치적 관심의 우선(Primat der Politik)이다. 군은 의회에 책임을 갖는 정치가를 통하여 지휘되어야 하며, 의회의 통제를 받고, 명령과 통제의 원칙에 의거 운영되어야 한다는 점을 강조한다. 아울러 군에서 이루어지는 제반 조치들은 합법적이고 적법해야 하며 법적으로 검토되어야 한다. 특히 기본권의 침해를 받은 장병들은 직접 연방의회의 국방수탁자에게 고충을 호소할 수 있도록 조치되어야 한다. 국가는 장병들에게 독일연방공화국을 위해 충성하고 독일국민들의 주권과 자유를 지킬 의무를 부과하는 반면에, 국가는 이들의 건강을 유지시키고, 의무지원을 하며 종교적 사회적 지원을 해야 한다.

내적 지휘는 일상적인 부대생활 뿐만 아니라 국제적인 파병활동과 같은 상황에서도 각 개인들이 준수해야 하는 원칙들이다. 모든 장병들뿐만 아니라 모든 군속들도 내적지휘의 기본 원칙을 준수해야 하며, 이것이 곧 연방군 지휘문화의 중요 요소들 중 하나이다. 내적 지휘에서 다루는 주둔지와 전장에서의 부하통솔, 정치 교육, 법과 군 규정은 장병들에게 직접적으로 연관되는 가장 중요한 영역들이며, 특히 상관들이 더욱더 유념해야 할 사안들이다.

연방군의 장병들은 기본법의 가치와 기준에 충실해야 하며, 이러한 의미에서 장병들은 헌신적이며, 신뢰를 바탕으로 양심에 따라 전우애와 관심을 보이고, 훈육되어져야 한다. 아울러 장병들은 직무상의 역량을 쌓고 적극적으로 학습하는 의지를 보이고, 인내하고 타인의 문화를 존중하고 도덕적 판단능력을 갖추고 있어야 한다.

제3장
내적 지휘 영역 및 교육

독일 연방군의 내적 지휘는 상관과 부하의 관계에 국한되지 않고, 군 조직 전체의 운영 방식은 물론, 군과 사회와의 관계까지 포괄하는 광의의 개념이다. 따라서 독일 연방군의 내적 지휘는 모든 군사적 임무수행에서 가장 우선적으로 고려되는 지휘원칙이다.

3.1 내적 지휘 영역

내적지휘가 적용되는 분야들은 독일군 '중앙근무규정 10/1(ZDv 10/1)'에 10개 분야로 명시되어 있다. 이 10개 분야는 상호 긴밀하게 작용하면서 상관의 지휘에 영향을 미치고 있다. 10개 분야는 인간통솔, 정치교육, 법과 질서, 복지후생, 일과 운영과 교육훈련, 인사관리, 종교 활동과 신앙관리, 의료지원, 홍보, 조직 등으로 구성되어 있다.[19]

---

19) 다음에 소개되는 10개분야 대한 설명들은 독일연방군의 중앙근무규정 10/1 『내적지휘』의 내용을 참조하여 기술하였다.

정치 교육(politische Bildung)[20]

정치교육은 "제복을 입은 국민"에게 자유 민주주의의 질서와 가치 및 규범을 교육시켜 사회적, 정치적 책임을 자각케 하고, 국민으로서 군복무 및 군사임무 수행의 당위성을 인식하게 하여 전투태세의 확립 및 전투동기를 부여한다.

내적 지휘 중앙근무규정은 '장병들이 군에서 복무하는 동안 독일 연방군의 가치질서가 단절되는 것을 경험해서는 안된다'고 명시하고 있다. 이 규정은 군의 일상생활 속에서도 기본법의 가치가 그대로 유지됨으로써『제복을 입은 국민』의 정신이 구현되어야 한다는 것을 강조한다. 정치 교육은 이러한 의미에서 인간 통솔 그리고 이와 연관된 가치를 중재하는 것과 밀접한 상호작용관계에 있다. 이러한 차원에서 장병들에게는 그들의 국민으로서의 의무와 권리들에 대한 교육이 실시되고 있다.

정치 교육은 역사적 인식을 심화시키고, 정치적인 연관성을 이해시키며, 정치적인 판단능력을 갖추게 도와준다. 또한 정치 교육은 문화간의 차이를 인식하는 역량을 발전시키고, 가치에 대한 인식을 강화시켜주며, 정치적인 문제에 적극적으로 참여할 수 있도록 고무시켜준다. 정치 교육은 모든 장병들이 정치적인 문제에 관심을 갖도록 하며, 관련된 지식을 형성토록 노력하게 함으로써『제복을 입은 국민』의 정신이 바로서게 한다. 정치교육은 해외 파병문제에 있어서도 의미를 갖는다. 장병들은 정치적인 배경, 안보정치적 관심, 그리고 이로 인하여 귀결되는 해외파병의 필요성에 대해 정확하고 적정한 수준에서 정보를 제공받아야 한다. 파병 전, 파병 중, 파병 후에도 모든 제대의 상관들은 정치적 교육을 통하여 자신들이 책임지고 있는 부하들에게 파병과 파병국가 그리고 특수 여건과 관련된 실제적인 정보를 제공해 주어야 한다. 이로써 상급

---

20) politische Bildung은 civic education으로 영역되는 개념이나 본서에서는 직역하여 '정치 교육'으로 통일하였다.

자들은 상위제대의 지휘에 입각하여 부하들의 행동을 지원하고 그들의 동기를 강화시키며 『제복을 입은 국민』임을 자각하게 한다.

정치 교육의 목표를 달성하기 위해서 연방군이 추구하는 것은 역사적 배경에 대한 교육이다. 역사에 대한 반성적 이해는 독일의 기본법(헌법) 이 제정된 배경을 이해시켜 주며, 기본법이 추구하는 가치와 가치체계의 의미를 정확하게 인식토록 도와준다. 과거에 대한 이해를 통하여 미래를 정확하게 판단할 수 있으며, 전통에 대한 입장을 적절하게 고수할 수 있게 된다. 전통은 가치와 기준들의 전수를 의미한다. 전통은 장병들로 하여금 직업관과 자신에 대한 이해를 도와주며, 역사적 관점에서 장병들의 행위들을 이해시켜준다. 따라서 전통을 유지하고 지켜나가는 것은 연방군의 빼놓을 수 없는 임무들 중 하나이다.

연방군은 정치 교육이 상관들의 핵심과업이며 책무에 해당되기 때문에 항상 관심을 갖고 실행해야 한다는 것을 강조한다. 따라서 관련된 지식을 습득하고 또 이러한 지식을 부하들에게 보여주는 것에 관심을 가질 것을 촉구한다. 내적지휘 중앙근무규정은 장병들에게도 정치 교육의 계획과 실행과정에서 적극적인 참여를 강조한다. 일방적인 교육이 아니라 핵심 주제에 대해 개방적인 토의를 권장한다. 정치교육은 정치와 관련된 정보를 객관적으로 제공하여 정치적 책임을 자각시키는 성인교육으로, 단순한 지식 전달이 아닌 정치적인 판단력을 갖게 하는 교육임을 강조한다. 국제적인 활동을 하는 장병들과 모든 민간 관계자들에게도 파병 대상 국가의 정치, 문화, 지형, 사람들에 대한 기초 지식 함양을 강조하고 있으며, 국제적인 무대에서 다른 문화, 다른 국가의 국민들과 함께 하는 것을 강조한다.

실제 연방군에서 시행되고 있는 정치교육은 제반 군사업무 및 각종 교육과정에 필수과목으로 포함되어 있으며, 대대장 책임하에 중대장급 장교에 의해 실시되고 있다. 정치교육은 간부교육에서 제일 중요한 과목들 중 하나로서 1주일 이상의 모든 군사교육 과정에 필수적으로 포함되어 있다. 병사를 대상으로 한 정치교육은 분기당 12시간 이상 반영하여 최소한 2시간 단위로 편성 실시하되 사회현안의 정치적 사안들은 주 1회 토의를 실시한다.

정치교육의 주제는 교육대상과 교육단계별로 다양하다. 한국군에서와 같이 18개 정훈과제를 설정하고서 계급과 복무기간에 상관없이 동일한 내용을 교육하는 것이 아니라 교육주제와 내용을 단계별 수준별로 구분하여 실시하고 있다. 병사의 경우 기초 군사훈련과 주특기 훈련 그리고 실무부대 근무기간으로 나누어 각각에 해당되는 주제를 구분하여 교육하고 있다. 〈표 3.1〉에는 병사들을 대상으로 실시되는 교육과정별 정치교육의 주제를 요약하여 제시하였다.

〈표 3.1〉 병사대상 교육과정별 정치교육 주제

교 육 과 정	교 육 주 제
기초 군사훈련	· 군 복무의 의의 · 군인 선서에 따른 의무와 권리 · 연방군의 법적 지위
주특기 훈련	· 연방군의 임무와 과제 · UN을 통한 세계의 자유 수호
실무 근무	· 자유 민주주의하의 권리와 의무 · 국가와 사회, 연방군과 장병의 관계 · 변화하는 세계 속의 국가 안보 · 국, 내외 현안 관심 주제

인간 통솔(Menschenführung)[21]

독일군은 내적지휘 분야에서 인간(Menschen)이라는 표현을 많이 사용하고 있나. 예로서, 보통 우리는 부대지휘통솔, 부하지휘통솔로 표현하고 있지만, 독일군은 인간통솔이라고 표현하고 있다. 이것은 모든 구

---

21) 연방군은 인간 통솔을 리더십으로 영역하고 있다.

성원 한 사람 한 사람을 하나의 개체로 존중하는 의미를 살리기 위한 것이다.

독일 연방군에서 인간 통솔은 독일 기본법의 가치질서에 근거하고 있다. 기본법에서 강조되는 인간의 가치, 인권, 평등의 원칙, 공정성, 책임과 관용이 군에서도 구현되는 것을 강조한다. 정치교육과 마찬가지로 인간 통솔은 연방군에 복무하는 모든 상관들의 핵심과업에 해당되며, 군의 상관으로서 인정을 받고 성공하기 위한 초석으로 평가된다.

신뢰는 인간 통솔에서 중요한 좌표이면서도 동료관계에서 가장 중요한 기초이기도 하다. 신뢰와 전우애는 특히 스트레스가 가중되는 상황에서 더욱 더 요구된다. 그런데 신뢰는 인간에 대한 깊은 이해와 공감하는 능력을 전제로 하기 때문에 자신에게 맡겨진 부하들을 위해 시간을 투자해야 한다. 상관들은 부하들에 대해 알고 부하들을 이해하려고 노력해야 한다. 그래서 상관들이 부하에게 다가 갈 것을 적극 권장한다. 단위부대의 상관들은 부하들과의 개인적인 접촉을 통하여 그들의 요구와 관심을 이해하려고 노력해야 하며, 이러한 활동은 생활관, 훈련장 등 기회가 닿는 대로 가용한 모든 곳을 활용하여 이루어 져야 한다. 장병들과 위험에 대해 논의하고, 불안과 죽음 등 군에서 일어 날 수 있는 다양한 심리적 부담요인들에 대해 대화를 나누는 것이 좋다. 이러한 측면에서 중대급 부대의 선임하사 역할이 매우 중요하다. 중대 선임하사는 병사뿐만 아니라 중대의 신참 하사들에게도 근무와 관련하여 조언을 하고 지도해 줄 의무가 있다.

부하들에게는 가급적 주어진 임무의 의미와 긴요함에 대해 설명을 해주고 관련된 정보를 적절한 수준에서 제공해 주어야 한다. 부하들이 자신들의 임무에 대해 명확하게 이해를 하였을 때에 최대의 능력을 발휘할 수 있다. 또한 팀워크를 활성화하여 단결을 통한 시너지 효과를 나타낼 수 있도록 해야 한다. 단체정신과 전우애를 통하여 주어진 여건의 한계를 극복하고 부담을 경감할 수 있다. 또한 중요한 결정이전에 상관들은 항상 부하들의 요구와 견해를 수용하여 결정에 반영하도록 노력해야 한다. 남자와 부하간의 차별이나 불평등이 존재하지 않도록 해야 하며, 타 문화에 대한 이해와 수용이 이루어져야 한다. 모든 상관들은 자신에 대해 비판적인 입장에서 장점과 단점을 인식해야 하며, 부하의 문제에 대해 솔직하게 응해야 한다. 업무감독을 소홀히 해서는 안되며, 적절한 확인활동이 항상 이루어지도록 해야 한다.

인간 통솔교육에서 통솔이란 부하의 인격을 존중하고 솔선수범함으로써 자발적인 복종을 유도하는 기술을 일컫는다. 자발적인 복종 유도는 크게 두 가지 방향에서 접근 가능하다. 첫째는 인지적 접근으로서 인격존중, 성인대우, 신뢰형성, 정보제공, 참여고취 등이 해당된다. 둘째는 행동적 접근으로서 솔선수범, 원활한 의사소통, 복지개선, 의무에 대한 요구 등이 해당된다.

인간 통솔교육은 두 가지 교범체계를 갖는다. 그 중 하나는 훈육지도교범으로서 부사관 이상 간부에게 교육하여 전 장병에 적용토록 하며, 병사에게 교육하여 합법적인 훈육을 보장받도록 한다. 이러한 훈육지도교범은 간부의 모범적 행동을 전제로 하며, 하고자 하는 의지가 강한 부하를 확인하여 칭찬 및 격려토록 한다. 또한 부하에게 임무수행 의지를 요구하고 무관심한 자를 자극하여 각성토록 함과 아울러 지휘자가 직책별 질책 및 벌칙 시행을 규정에 의거하여 합법적으로 실시토록 한다. 다른 하나는 인간통솔 교범으로 지휘자로 하여금 부하의 심리를 이해토록 하고 솔선수범을 통한 자발적인 복종을 유도하는 기술을 제공한다. 여기에는 부하 관찰요령 및 지휘자 자신 파악, 집단 성향 파악 및 팀으로부터 지휘자로서 인정받기, 팀워 향상, 의사소통 요령, 병영생활간 발생하는 각종 긍정적, 부정적 상황별 지휘조치 요령, 극한 상황하 인간통솔 등이 포함된다.

법규 교육

법규교육의 목표는 군 내부의 질서를 유지하고 장병의 권리를 보호함으로써 국가 질서를 유지하는 데에 있다. 연방군은 법규교육을 통하여 국가(군대)와 국민(군인)간에 "줄 것(권리)과 받을 것(의무)"간의 균형을 유지토록 하고 있다. 즉 인권존중 사상에 의거하여 『제복을 입은 국민』의 권리를 보장토록 한다.

연방군에서의 근무는 법과 규정에 의거 이루어지도록 하고 있으며, 특히 징계권자는 이러한 부분에 있어서 더 큰 책임이 있다. 징계권자는 강제권을 신중하게 사용함으로써 그들을 신뢰하는 부하들의 법감각에 커다란 영향을 미친다. 특히 장병들은 국제접과 파병 규정의 특별한 의미와 작용에 대해 알고 있어야 한다. 군인복무규율은 군대내에서의 단체생활을 위한 근간이 되며 장병들의 행동 규준이다. 상관들은 개인의 자유로운 영역과 군 규범의 제한 간에 발생하는 갈등과 긴장을 경감시키도록 노력해야 한다. 이러한 측면에서 장병들에게는 군법에 대한 정보가 제공되고 교육되어 져야 한다.

장병들의 참여활동은 '계급별 대표자'를 통하여 이루어지거나 군인참여법에 따라 이루어져야 한다. 그리고 상관들은 소원수리나 고충을 제기한 장병들이 이로 인하여 불이익을 받지 않도록 세심한 관심을 기울여야 한다.

군법에 상관의 권력 제한, 상관고소, 명령 불복종 사항 인정 등을 명시하고, 복무규정에 소원제기, 장병 참여권, 자유시간 및 외출보장 등을 명시하였다. 다른 한편으로는 군인으로서 군기확립, 교육훈련, 전투태세 유지 등의 의무 완수를 요구한다.

상관은 군법교육(주 2시간)과 모범적인 법규의 활용을 통해 교육 및 법규 수정사항, 법원의 판례를 수시로 알려줄 책임을 갖고 있다. 병 기초군사훈련 과정에서의 법규교육에는 다음과 같은 사항들이 교육된다.

- 명령에 대한 복종/불복종 관련 법규
- 병의 법적 보호
- 병의 참여권
- 징계 규정/군 형법
- 복무선서의 의의 및 병의 기본 임무
- 군 공동생활 및 사회생활 관련 법규
- 전투상황하에서 인도적 국제법 및 민간인 보호
- 전쟁 포로 권리, 관리
- 부상자, 환자, 조난자 보호

업무구성과 훈련

임무완수를 위해 그리고 군의 매력을 위해 합리적인 업무구성과 요구되는 훈련은 필수적이다. 따라서 상관들은 미래를 예측한 계획에 의거하여 숙고한 업무구성과 효과적인 훈련의 기초를 제공해야 한다. 도달가능한 목표를 제시하고, 계획과 준비를 위한 충분한 시간적 공간을 보장하고, 성공적인 임무완수에 필요한 수단을 제공하고 부하들의 행정적 부담을 덜어주어야 한다. 성공적인 업무구성은 무엇보다도 가용한 시간을 최적으로 활용하고 지휘인력의 신중한 선발과 훈련을 요구한다. 지휘인력의 모범적인 태도와 의무완수는 직무역량과 함께 결정적으로 부대의 투입역량을 결정한다. 미래의 상관들은 그들의 훈련과정에서 내적 지휘를 모범적으로 체험하고 학습해야하며, 이를 통하여 스스로 행동할 줄 알아야 한다.

훈련은 업무구성의 부분이며 군의 주된 임무이다. 훈련은 전투지향적이어야 하며, 내적 지휘의 기본 원칙들에 의거하여 실시되어야 한다. 훈련에서 지식과 숙련도 그리고 역량들이 활용되어 장병들의 행동방식과 기준들을 개발시켜야 한다. 훈련은 군사적 요구들을 지향해야 하며, 이때 변화하는 사회적, 정치적, 법적, 군사적 여건이 고려되어야 한다. 훈련은 행동안전과 독자성을 촉진시켜야 한다. 비상시에는 개인들의 역량이 한계에 이를 때까지 강도있게 실시되어야 한다. 그러나 실전적인 훈련을 실시하더라도 인권이 보호되어야 하며, 생명이 위협받아서는 안된다.

업무구성과 훈련은 연령과 성숙 그리고 직업 경험을 고려하여 실시되어야 한다. 군에서의 훈련은 성인 교육이다. 장병들의 숙련도와 역량 그리고 지식은 개발되고 촉진되고 활용되어야 한다. 수행역량의 한계를 고려해야 하며, 가능하다면 장병들이 근무 계획 및 형성에 참여토록 해야 한다.

정보 제공

독일 연방공화군의 국민은 연방군에 대해, 안보 정치적 상황에 대해, 국방부의 결정과 의도에 대해, 그리고 연방군의 임무와 과업 그리고 투입에 대해 정보를 제공받을 권리가 있다. 연방군의 정보제공은 연방군의 임무 및 과업 스펙트럼 뿐만 아니라 안보 및 국방 정책의 모든 영역과 관련된다. 이를 통하여 연방군이 근본적으로 국가와 사회에 결속되어 있으며, 자유민주주의의 기본질서를 수호하는 것을 목표로 한다는 것이 명백해져야 한다. 정보제공의 중요한 중재자는 연방군에 소속된 인원들 자체이다. 연방군의 장병들과 민간 소속인들이 세간에 나타나는 것은 매우 높은 믿음을 제공한다.

부대정보는 지휘과업이면서 정치교육의 내용을 연방군에 이식시켜 준다. 부대정보의 과업은 정치교육에 추가하여 장병들에게 정보들을 공적으로 제공하고, 이를 통하여 각 개인들이 고유한 의견을 갖게 하고 임무에 부합하고 정치적으로 제구실을 할 수 있도록 한다. 정보 제공은 연방군 지휘부의 의도와 결정을 교육하는 수단으로 작용한다. 군의 상관들은 공적으로 만들어진 정보물들을 활용하여 이를 전파해야 하는 과업을 갖는다. 이러한 정보들은 단순하게 전파하는 것이 아니라 개별적인 면담이나 토론의 기회를 통하여 제공되어야 한다. 특히 파병전이나 파병중에 정보제공은 매우 큰 의미를 갖는다. 상관들은 관련된 장병들에게 가능한 빠른 시기에 준비를 차원에서 파병에 대해 그리고 예상된 여건에 대해 정보를 제공해야 한다. 파병중에도 상관들은 가용한 정보들을 안전하게 제공하여 장병들이 파병지의 상황에 대해 그리고 고향의 상황에 대해 그리고 정치적인 연관성과 변화에 대해 알도록 해야 한다.

조직 및 인사운영

조직 구성은 내적지휘의 기본 원칙들을 고려하고 내적 지휘의 개념 하에 행위가 이루어지게 한다. 조직결정은 신뢰를 유지할 수 있도록 기초가 이루어지고 공표되어야 한다. 여기에 명확한 조직기준과 투명하고 공감되는 계획이 있어야 한다. 상급자는 조직의 변동 상황에서 해당되는 사람에게 충분한 시간적 여유를 두고 알려주어야 한다. 내적지휘와 인사관리의 관계는 우수 인력을 선발하고 관리하는 것이 전투력의 근원임을 시사하고 있다. 장병의 전속 및 보직 이동시 개인의 능력, 자질, 적합성과 개인적 애로사항, 희망까지를 모두 고려하여 당사자가 적재적소에 배치되었다는 인식을 갖도록 조치한다. 근무평정 세부 내용을 교육하여 바른 근무 자세를 유도하고, 평정 결과를 공개하여 자기 변호의 기회를 부여한다. 상관은 장병 개인과 인사담당부서의 상이한 요구의 중재에 노력하고, 지휘관심을 인식시켜 신뢰를 고취시켜야 한다.

조직 및 인사운영은 내적지휘 효과를 좌우하는 영역으로 제 수단이 요구되는 목표 달성을 위해 잘 짜인 일사불란한 역할 수행을 요구한다. 세부적으로는 명확한 임무 분배와 제 수단의 제공, 결심 권한의 위임, 실시 제대의 주도권과 유연한 조치를 위한 행동의 자유 보장 및 상급 제대의 간섭 배제, 임무수행 여건보장 및 지원 위주의 감독 등이 교육되고 있다.

상관은 사람들 간의 분위기와 이로 인한 장병들의 만족도와 전투준비에 결정적인 영향을 미친다. 따라서 지휘관의 선발은 매우 큰 의미를 갖는다. 인격적으로 적합하고 성격적으로 성숙된 그리고 특히 인간 통솔 역량이 요구되는 개별프로파일이 주된 기준이 되어야 한다. 상관은 인사결정 차원에서 상급자와 부하들간의 중간자 역할을 수행한다. 상관들은 인력 선발 및 개발을 위해 특별히 책임감 넘치는 방식으로 자신의 부하들을 평정하여야 한다.

후생 복지

내적지휘 영역 중 후생 복지는 사회주의 국가의 원칙에서 그리고 상관과 부하간의 상호 신뢰관계로부터 유래된다. 이 개념은 공무로 인하여 초래되는 부하들의 부담과 가족 그리고 배우자들의 부담을 조정해야 하는 국가의 의무를 나타내고 있다. 상관은 항상 부하들이 손상을 입거나 불이익을 당하지 않도록 관심을 가져야 하며, 연방군의 사회복지과와 더불어 부하들에게 법적으로 보장된 사회보장에 대한 주장들에 대해 교육해야 한다. 후생 복지는 작전투입시에 성공적인 인간통솔의 해결단서이며 전우애의 기반이다. 작전 투입된 부하들은 가중된 부담에 상응하여 휴양, 긴장완화, 신체적/정신적 평형의 기회가 주어져야 한다. 따라서 상관들은 부하들을 위해 후생과 관련된 정보를 제공하고 또 요구되어지도록 배려해야 한다.

가족 보호

근무하면서 가족 혹은 배우자와의 삶을 계획할 수 있는 시간들을 허용하는 것은 부하들의 직업만족도 향상과 동기화에 기여한다. 부대의 작전투입 역량을 향상시키고 군 복무에 대한 매력을 높여 준다. 가족을 보호하는 것도 중요한 지휘과업에 해당된다. 근무지 변경시에 부하의 가족과 배우자들의 요구에 대한 적절한 배려는 모든 상관들과 인사운영의 공적인 의무이다.

상관들은 부하들의 근무시간을 융통적으로 구성하고, 가족들에게 우호적인 환경을 조성할 수 있는 행동의 여유공간이 제공되어야 한다. 모든 장병들은 가족 혹은 배우자와의 조화를 위해 법적으로 보장된 대책이나 기구들에 대한 정보가 제공되어져야 한다. 여기에는 파트타임 근무, 재택근무, 위로휴가, 양육휴가 등이 보장되어야 한다. 빈번한 해외 파병 그리고 연방군 개혁 차원에서의 대책으로 인한 부담들은 가족과 근무를 일체화시키는 것에 한계가 제공할 수 있다. 가족에 대한 보호는 평상시에도 당면한 문제를 극복하는 데에 주요한 지원이 되며, 무엇보다도 파병으로 인하여 장병들이 부재한 경우 더욱 더 그러하다. 따라서 상관들은 자신의 부하들에게 후생에 대한 정보를 제고해야 하며, 이러한 이들이 가족에게 까지 적용되어야 한다.

목회 및 종교행사

모든 장병들은 목회와 종교활동을 법적으로 요구할 수 있다. 연방군에서 군종은 장병들이 자유롭게 종교적인 행위를 할 수 있고, 종교 행사에 참여할 수 있도록 기여해야 한다. 이들은 교회를 관장하는 임무를 부여받으며, 장병들뿐만 아니라 그 가족과 배우자 그리고 부양자들을 위해서도 활동해야 한다. 군종은 연방군에 있지만 독립적인 조직체이다. 연방군에 속한 모든 사람들은 종교적이거나 개인적인 문제에 대해 군종과 상의할 수 있다. 예배, 세례, 장례, 교회단체, 군행사에 동참, 부상이나 죽음시 지원 등은 군종들이 함께 하는 대표적인 과업이다. 작전투입시에는 특히 장병들과 함께 생명의 한계경험에 이르는 개인적 문제까지도 처리해야 하며 스트레스들을 완화시켜주어야 한다. 군종들은 온전히 교회의 권리에 따르며, 국가적인 지침과는 독립적이다. 이들은 군의 상관들과 함께 일하도록 규정화되었다. 연방군에서는 모든 종교와 세계관을 위한 믿음, 양심, 인식의 자유가 보장된다. 상관들은 군종들이 종교활동을 할 수 있도록 여건을 보장해 주어야 한다. 상관들은 모든 병사들에게 특정한 종교단체에 가입하거나, 자유롭고 방해받지 않게 종교활동을 할 수 있도록 보장해 주어야 한다.

의무지원

의무지원은 군의 전투투입준비를 위해 빼놓을 수 없는 전제조건이다. 의무지원의 질적 수준은 병사들의 동기에 영향을 준다. 특히 작전투입시 사회의 의무시설에 상응하는 질적으로 높은 의무지원은 부대의 사기에 커다란 영향을 미치며 연방군에 속한 모든 이의 신뢰에 영향을 준다. 따라서 상관들은 부하들에게 최대한의 의무지원이 가능토록 연방군의 우수하고 전문성이 뛰어난 의무팀과 협조관계를 유지해야 한다. 상관들은 부하들의 건강상태를 유지시켜야 하는 과업을 부여 받는다.

3.2 내적 지휘 교육

독일육군은 참모총장의 내적 지휘 철학과 교육지침을 구현하고, 육군의 내적 지휘 교리를 체득할 수 있도록 신분별 또는 과정별 교육을 통해 지휘관(자)들의 내적 지휘력 배양에 많은 노력을 기울이고 있다.

장교양성과정의 1단계에 해당되는 장교양성과정 1에서는 총 교육시간이 1,438시간이었는데, 이중에서 내적 지휘 관련 교육시간은 116시간으로서 전체 교육시간의 8%를 차지하였다. 참고로 장교교육과정 1의 과목별 시간배분은 아래와 같다.

- 전술학 680시간
- 화기학 394시간
- 교육훈련 관리 152시간

- 내적 지휘 116시간
- 체육 96시간

장교양성과정 2에서는 총 교육시간이 995시간인데, 이 중에서 내적 지휘 교육시간은 188시간으로 총 교육시간 대비 18%에 해당되었다.

지휘참모대학에서 실시되는 장군참모과정(Generalstabslehrgang)은 24개월 간 진행되는데, 이 중에서 내적지휘 교육시간은 내적 지휘와 지휘 일반론을 합쳐 189시간으로서 총 교육시간 2,315시간에 대비하여 8.1%에 해당된다.

내적 지휘 연구소에는 대대장, 부대대장, 중대장, 중대선임부사관 등을 대상으로 한 내적 지휘 교육과정을 개설해 놓고 있다. 이 교육은 참가 신청자들을 대상으로 4일간 진행된다. 그러나 교육정원에 비해 신청자가 많은 실정이다. 예컨대 99년 예정된 중대장과정의 경우 독일 육군 측에서는 360석을 신청하였으나 연구소 측으로부터 110석밖에 할당받지 못한 것을 보면, 이 내적 지휘 교육에 대한 관심과 열의가 얼마나 높은가를 단적으로 알 수 있다. 독일군 교육과정 목록에 명시된 과정별 목표를 살펴보면 다음과 같다.

중대장들은 내적지휘과정 교육을 통해, '내적 지휘'의 원리는 전/평시 모든 부문에서 반드시 지켜야 하는 일반적인 내적 지휘 및 행동의 원리라는 사실을 인식하게 된다. 또한 중대장들은 내적 지휘의 원리에 따라 문제점을 다루고 해결방법을 평가하여 최선의 방법을 구하게 되며, 일상근무시 내적 지휘에 필요한 참고지식을 얻는다. 나아가 중대장들은 군 조직의 흡인력과 매력을 유지하기 위해 '내적 지휘' 개념이 미래지향적으로 발전되어야 함을 인식하게 된다.

대대장들은 내적 지휘 과정 교육을 통해, '내적 지휘'의 원리는 어떤 상황에서도 적용되어야 하는 일반적인 내적 지휘 및 행동의 원리라는 사실을 재확인하고, 일상 근무시 내적 지휘 과정에서 접하는 문제점들을 해결하는데 적합한 조치방법과 참고지식을 얻거나 실험한다.

　중대 선임부사관들은 내적 지휘 과정 교육을 통해, 내적 지휘의 개념이 미래지향적으로 발전되어야 하고 일상 근무시에 새롭게 변화되는 요소들을 수용해야 함을 인식한다. 나아가 중대 선임부사관들은 '내적 지휘'의 원리를 적용함에 있어서 중대 선임부사관이 수행해야 할 역할을 이해하고 자신의 행동에 필요한 참고지식과 경험사례를 얻는다.

3.3 내적 지휘 센터

임무/역할/구성

　1956년 10월 1일 창설된 독일군 내적 지휘 센터(Zentrum Innere Führung)는 현재 코블렌쯔(Koblenz)에 위치하고 있다. 이 기관의 임무는 독일군 내적지휘 철학을 구체적인 개념과 방법으로 연구 발전시키고 자료화하여 이를 학교와 부대에서의 간부(장교/부사관) 양성 · 보수 · 보충 교육훈련과 부대 근무 시 적용토록 하고, 자체 교육과정과 세미나 등을 통해 내적지휘 교관 능력과 지휘관(자)들의 내적지휘능력을 향상시키며, 내적지휘업무와 관련된 독일군 예하 기관들과의 협력활동을 조정 · 통제하는 것이다. 내적 지휘 센터는 연구기능과 교육기능을 동시에 보유하고 있다. 연구 기능이 차지하는 비중은 70% 정도이며, 교육기능이 차지하는 비중은 30% 정도이다. 이중 연구기능이란, 여러 가지 학술 또는 시사 자료들을 종합하고 선별한 후, 이를 기초로 분야/주제별로 연구한 결과를 책자, 비디오테이프, CD의 형태로 국방부 장관으로부터 신병들까지의 대상들에게 해당 자료들을 활용할 수 있도록 배부하는 것이다. 교육기능이란, 군의 제대별 지휘관(자)들을 대상으로 인간 통솔을 비롯한 분야/주제별 교육을 실시하고, 독일사회 각계각층의 인사들을 대상으로 국방업무와 군을 홍보하는 차원에서 교육을 실시하며, 동맹국 군의 간부들, 중앙/동부유럽국가들의 간부들에게도 선정된 내용에 대한 교육을 실시하고 있다.

독일군 내적지휘 센터는 국방부/합참 직할부대로 합참차장의 통제 하에 있으며, 부대장은 현역 준장이고, 부부대장 겸 참모장은 현역 대령이며, 그 예하에 행정/지원 팀(Team)과 5개의 연구/교육 팀(Team)으로 편성되어 있고 각 팀장은 중령이다(〈표 3.2 참조〉).

이 센터의 전체 인원은 112명이며, 73명의 현역군인, 39명의 민간교관/ 연구관과 문관으로 구성되어 있다. 이 중에서 이 센터의 핵심인력은 5개의 연구 및 교육 팀이다. 여기에는 31명의 현역 연구관/교관, 8명의 민간 연구관/교관으로 구성되어 있으며, 각 팀에는 팀장 1명을 포함하여 7-8명의 연구관 겸 교관이 편성되어 있다.

행정/지원팀은 인사과, 정보/작전과, 군수과, 전문자료 지원과/ 도서실, 도형/인쇄소, 전산실, 우편물 및 교범 취급실, 군의관, 행정과 등과

〈표 3.2〉 연방군 내적지휘센터 조직

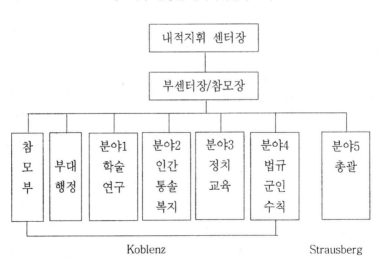

같은 행정 및 지원요소들이 통합 편성되어 있다. 행정/지원팀의 임무는 일반 부대 또는 기관의 행정 및 지원의 내용과 유사하나, 그림, 사진, 비디오, 인쇄물 등을 제작하는 도형제작/인쇄소의 기능과, 내적지휘 센터의 업무와 관련된 모든 책자, 잡지 등 발간물을 수집하고 기록 유지하는 전문자료 관리과 겸 도서실의 기능이 특징적이며, 군의관은 연구관/교관의 임무를 겸임하면서 이 센터 구성원의 진료를 담당하고 있고, 도서실에는 역사, 정치, 교육 분야의 학술서적이 약 40,000권 보관되어 있어 연구/교관진과 교육/ 세미나 참석자들의 열람과 대출이 가능하며, 관심 있는 일반인들에게도 개방되어 있다.

부서별 임무

분야1 : 기초연구

분야 1은 독일군의 내적 지휘 기본개념을 시대상황과 요구에 맞게 계속 발전시키는 임무를 수행한다. 예컨대, 군인직업생활과 관련된 문제, 안보정책분야의 현안문제, 역사적 사례 등의 주제들에 대해 연구한 결과를 국방부 지휘부에 보고하고 필요에 따라 각급 제대에 전파한다. 이와 아울러, 이 팀은 내적지휘 센터 전체 연구/교육의 계획과 실행을 조정 · 통제하는 총괄기능을 수행한다. 그리고 해외 원정작전에 투입되는 인원들에 대한 교육과, 군 외부의 정부 및 민간기관에 종사하는 주요 직위자 및 실무자들을 대상으로 세미나를 주관하며, 보도 및 대민 홍보업무도 수행한다.

분야 2 : 인간 통솔/후생 복지

민주주의 군대에서 인간통솔의 원칙은 지난 수십 년 동안 거의 변함 없이 유지되어 왔다. 21세기와 더불어 정치 및 안보관계의 확장을 통하여 독일군은 구조적으로 변화되었다. 연방에 대한 책임의 범위가 확장되고 범문화화와 전혀 새로운 위협들 그리고 세계적으로 경제적인 독립성은 자연적으로 군 지휘부에서의 사고를 전환하게 하였다.

연방군의 인간통솔에서 핵심 개념은 두 가지로서, 그 중 하나는 "내적 지휘" 개념이며 다른 하나는 "제복을 입은 국민" 개념이다. 상급자의 지휘행동은 군에 대한 새로운 요구들의 변화에 맞추어 변화되어야 한다. 이것은 곧 군대와 상급자들이 인간통솔분야에서 혁신적인 테마와 의문을 제시해야 함을 의미한다. 내적 지휘 센터에서는 상급자들의 이러한 역할을 위해 교육 자료들을 제작하며, 아래와 같이 다양한 교육방법을 활용한다.

- 군 조직에서의 지휘동반(조언), 군대에서의 코칭
- 멘토 강의
- 파트너 강의
- 파트너–분위기전환자–강의
- 파트너와 멘토를 위한 수퍼비젼
- 지휘자후보생들의 교육시 인간통솔 교육
- 팀 학습, 팀 형성
- 면담
- 단위부대장/중대장/대대장/외국근무고급장교 대상 내적지휘

인간통솔분야에서 다루어지는 기본 테마에는 다음과 같은 것들이 있다.

- 네트웍 작전지휘 – 네트워크시스템에서 인간
- 전, 평시 스트레스와 부담관리
- 팀발달, 팀형성
- 핵심자질로서 지적 역량
- 불안 형상
- 지휘역량으로서 사회적 지각

- 지휘교훈, 지휘행동
- 인질과 포로
- 부상과 죽음
- 군 지휘 코칭
- 심리적 자가도움주기 및 동료 도움주기
- 사회심리학-사후설명, 거절, PTSD

분야 3 : 정치 교육

연방군에서 정치 교육은 군인들에게 자유민주주의의 기본질서를 명확하게 해주고, 평화, 자유, 그리고 권리의 필요성을 인식하도록 도와준다. 따라서 정치 교육은 곧 제복은 입은 시민을 위해 중요한 전제조건이 된다.

정치 교육 분야의 임무는 정치교육을 담당하는 사람들을 가르치고, 부대 지휘관들을 위한 교육 자료들을 만들며, 부대를 지원하고, 연방군 언론매체 및 국방부와 관련된 업무를 수행하는 것이다. 정치교육분야에서 다루는 주요 테마는 다음과 같다.

- 정치교육의 방법 및 교수법
- 교육학
- 안보정책
- 문화력
- 극단주의
- 새로운 미디어
- 미래의 위협들
- 세계의 종교, 이슬람
- 윤리와 도덕

분야 4 : 법

분야 4는 법과 질서 분야와 관련된 주제들을 연구하고 교육한다. 예컨대 이 팀은 보스니아와 코소보 안정화작전과 같은 평시 작전 시 전투요원들의 의사결정과 행동이 헌법, 전쟁법, 군법 등이 정하는 바에 따라 이루어질 수 있도록 관련주제들을 검토한 결과를 서면자료, 세미나, 강의 등의 형태로 제공하고 있다. 이외에도 이 팀은 신임 군법무관들을 대상으로 한 교육과정을 주관한다. 참고적으로 독일군의 간부들은 양성/보수/보충 교육과정에서 군법교육을 통해 지휘관(자) 또는 상관으로서 합법적이고 합리적인 명령과 지시의 기준을 학습하기 때문에, 부대 지휘시 공과 사를 명확하게 구분하고 있으며, 부하들에 대한 인권침해 사례도 거의 없다는 점에 유의해야 할 것이다. 그 만큼 지휘관(자)의 자의적 판단에 의한 명령과 지시권의 행사가 최소화되도록 규범적으로 규제하고 있다.

분야 5 : Straussberg

분야 5는 내적 지휘 센터장의 위임을 받아 독일군의 내적 지휘 철학을 홍보하고, 다른 연구/교육 팀들의 업무를 대변하며, 대대장, 중대장, 중대 선임부사관을 대상으로 한 내적 지휘 교육과정을 준비 및 실시하고, 이들에 대한 역사현장 교육을 주관하고 있다. 이 팀은 수도를 본(Bonn)에서 베를린(Berlin)으로 옮김에 따라 1994년에 추가로 편성된 조직으로 베를린 근교의 Straussberg에서 '독일군 홍보 및 의사소통 연구소', '독일군 사회학 연구소'와 같은 건물 내에서 임무를 수행하면서 이들 유관 기관과 긴밀하게 협조하고 있다.

독일군 내적 지휘 센터의 상급기관은 합동참모본부로서 합참차장의 지휘통제를 받는다. 이 센터는 명실 공히 독일군 내적 지휘(광의의 내적 지휘)에 관한 연구와 교육의 핵심역할과 기능을 수행하고 있다.

이 센터와 업무상 긴밀한 협조 관계에 있는 기관은 합동참모본부 제

1부, 합참청, 육군 교육사령부(우리 육군의 교육사와 육군본부의 기능이 배합된 기능을 수행함)의 교육훈련부, 해군 교육사령부의 교육훈련부, 공군 교육사령부의 교육훈련부, 군대 사회학 연구소, 홍보 및 의사소통 연구소, 군사(軍史)연구소, 독일군 국방 및 기동연습 연구소, 독일군 지휘참모대학, 의무사령부 등이다. 이처럼 내적 지휘 센터를 중심으로 구축된 독일군내 내적 지휘 관련 기관들의 협조체제는 1985년 11월 합참의장 지시에 근거하고 있다. 이들 기관들은 내적지휘 센터를 중심으로 내적 지휘 관련 정보와 의견을 교환하고, 필요시 공동연구를 추진하며, 독일군 전체의 내적 지휘 상황을 종합적으로 파악하는데 기여하고, 연구한 결과를 실제에 효과적으로 적용하기 위해 협력하고 있다.

제4장
동·서독의 군대문화 비교

　1945년 제2차 세계대전에서의 패배와 함께 히틀러의 국가사회주의는 완전히 몰락하고, 전승 연합국 4개 국가에 의하여 동독과 서독으로 분할 점령된 독일은 전혀 다른 이데올로기에 의하여 각기 독자적인 국가를 건립하였다. 1949년 9월, 미국, 영국, 프랑스 등의 연합군측 군정하에 있던 서독지역에는 독일 연방 공화국이 새롭게 탄생하고, 10월에는 소련의 군정하에 있었던 동독지역에 독일 민주주의 공화국이 건립되었다. 이로서 독일은 1871년 단일한 제국으로 출발한 지 78년 만에 전혀 다른 두 개의 이념체제로 나뉜 분단국가로서의 역사를 시작하게 되었다.

　공산주의 이데올로기의 지배를 받은 동독과 민주주의 이데올로기에 기초하여 건립된 서독은 정치체제뿐 아니라 경제, 사회 군대문화 등 전반적인 영역에서 매우 다른 양상을 보여주었다. 특히 동독군와 서독군에서 관찰된 군대문화의 특징들은 너무도 상반된 모습을 띠고 있었다. 공산주의 이론에 입각하여 처음부터 "당의 군대" 즉 "노동자 사회주의 군대"로 창설된 동독 인민군은 군복과 의식절차 등 외적인 형태는 프러시아의 전통과 연결시키면서도 내적으로는 소련을 모델로 삼았다. 반면 서독의 연방군은 과거 제국주의의 전통을 청산하고 민주주의 이념에 기초하여 "제복을 입은 국민" 개념의 구현을 표방하였다. 본 장에서는 전혀 다른 이데올로기에 의하여 형성된 동독과 서독의 군대문화를 비교분석함으로서 "제복을 입은 국민"의 군대, 즉 민주주의적 가치에 기초한 군대의 모습을 명확하게 그려보고자 한다. 그런데 동독과 서독의 군대문화 형성에 가장 큰 영향을 미친 것은 바로 이념교육 체계이다. 따라서 다음에서는 먼저 양국의 이념교육 체계에 대해 알아보고자 한다.

4.1 서독의 이념교육

제2차 세계대전이 끝나고 서독 지역을 점령한 전승국들의 우선적인 관심은 독일인들의 사고를 지배하고 있을 것으로 판단되는 국가사회주의의 이념을 제거하고 그 자리에 민주주의 의식을 함양시키는 데에 있었다. 서독의 각 주는 이를 학교교육을 통하여 이루고자 하였다.

서독의 이념교육은 시민들을 계몽시키기 위한 정보를 제공하는 한편, 시민들의 비판력 및 판단력을 제고시키고 이를 토대로 정치에의 참여를 통한 사회의 민주화를 추구하였다. 이에 따라서 시민들이 자신들이 처한 사회적 환경을 바르게 인식하도록 도와주며, 개인의 삶이 사회구조 및 사회정치적 발전과 밀접한 연관을 갖고 있다는 것을 인지시킴으로써 사회현실 분석 능력과 불합리한 구조의 개혁 능력을 육성케 하였다. 이러한 교육은 시민들로 하여금 수동적이고 소극적인 정치적 태도를 취하기 보다는 적극적인 참여를 통하여 사회를 발전시키는 의식, 행동방식, 태도 등을 형성토록 자극하였다.

서독의 이념교육은 민주주의 이념의 실현을 기본 목표로 하며, 자유민주주의는 개인이 최소의 간섭과 통제를 받을 때 최고의 능력을 발휘할 수 있다고 전제한다. 따라서 정치교육은 비판의식을 강화하고 인간에 대한 불필요하고 비합리적인 지배를 제지하여 가능한 한 인간에게 자유를 보장하는 민주화를 촉진시킨다. 아울러 민주주의는 모든 인간이 평등할 수는 없지만 정치사회의 일원으로서 법 앞에서의 평등한 권리와 자격을 정치체제의 기본 이상으로 삼고 있기 때문에 교육의 기본방향은 모든 사람들의 정신적, 물질적 욕구 충족과 더불어 사회구성원 모두의 생존여건을 지속적으로 개선시키고 인간의 자기실현을 보장해 주는 방향으로 설정되었다.

서독의 이념교육이 갖는 몇 가지 특징을 살펴보면 다음과 같다. 먼저 서독의 이념교육은 인간의 존엄성, 인권, 민주 사회적 법치국가, 연방의 통치구조 등 기본법의 기본 원칙들을 존중한다. 이념교육이 기본법 내에서 실시된다는 점은 이념교육의 영역이 기본법에 의해 제한받는다는 것을 의미한다. 그러나 기본법은 정치적 결정의 자유를 보장하고 정치적 행동에 정당성을 부여하기 때문에 국가의 법적, 제도적 질서는 정치교육에도 유효하게 적용될 뿐만 아니라 정치교육의 대상이 된다. 두 번째로 서독의 이념교육은 개인의 행복관을 발전시키고 이를 실현 가능하게 하는 능력과 자세를 확립하는 데 기여한다. 민주사회에서는 전제주의 사회와는 달리 다양한 행복관이 존재하기 때문에 특정한 행복관을 강요하거나 이를 정치적인 권위를 통해 절대화하지 않는다. 그러므로 정치교육은 보편적인 규범을 지닌 행복관을 강요하지 않고 타인의 관점고 존중하면서 자신의 행복관을 발전시킬 수 있는 능력을 함양시키는 것을 목표로 삼고 있다. 세 번째로 서독의 정치교육은 국제적으로 다른 민족의 생존권과 독립을 인정하고 이로 인한 불이익을 감수하면서 국제적 안전과 정당한 국제질서를 위해 공헌하는 자세의 함양을 촉구한다.

연방군의 이념체계

서독의 연방군은 '국가 속의 국가'라는 과거의 전통에서 벗어나 '제복을 입은 국민'이라는 새로운 기치아래 1955년 11월 12일 창설되었다. 하지만 연방군 창설 초기의 시대적 상황에 따라, 서독 연방군의 이념교육은 공산주의 체제와 민주주의 체제를 단순하게 비교하는 데에 머물렀기 때문에 문제의식 지향적인 비판의식은 형성될 수 없었다.

그러나 1960년대 중반 이후 서독 연방군의 이념교육은 마르크스주의 및 동구 사회주의를 비판하는 것과 같이 군의 정신무장 강화교육 위주의 시도로부터 벗어나 정치, 경제, 사회, 국제문제에 대한 군인들의 판단능력 및 행위능력을 제고시키는 방향으로 교육중점이 전환되었다. 서독 연방군은 학교기관을 중심으로 학생과 일반 시민들을 대상으로 실시되던 민주화 교육을 그대로 수용하되, 군의 특수성이 고려된 새로운 개념의 이념체계를 수립하였다. 이것이 바로 독일 연방 공화국의 기본법에 명시된 건국 정신을 그대로 승계하여 군대상황에 접목시킨 '내적 지휘' 개념이다. 내적 지휘의 핵심 역할은 개인의 자유와 권리를 최대한으로 보장하면서도 동시에 각 개인의 군사적 수행 능력을 최대화하는 것이다. 아울러 각 개인이 시민으로서 갖는 헌법적 권리가 군사적 기능의 유지에 불가피한 경우에 한해서만 법적으로 축소될 수 있게 하였다. 연방군의 내적지휘는 민주주의 기본 이념인 자유와 평등 사상이 모든 군사업무의 사상적 토대가 되었으며, 개인과 공동체 의식이 조화를 유지하도록 하였다. 또한 군이라는 특수한 상황에서도 기본법에 명시된 국민으로서의 권리가 보장되도록 하였으며, 권한 부여와 자발적인 책임의식을 토대로 임무형 전술 혹은 임무형 지휘 개념의 정립이 가능케 하였다.

4.2 동독의 이념교육

소련 당국과 동독 공산주의자들에 의해 선포된 1949년의 동독 헌법은 '인민 민주주의'의 이론에 토대를 두고 있었다. 이것은 동독에 아직 부르주아적 자본주의 구조의 요소가 잔재된 것으로 간주하면서도 궁극적으로는 진정한 권력이 농민과 노동자에 의해서 장악된다고 보는 것이

었다. 다시 말해 정치적 전위대인 공산당의 지도하에 프롤레타리아 계급이 동독을 사회주의로 이끌었다.[22]

동독 헌법에서는 외적으로는 국가시민, 국가영역 그리고 국제법적 의미의 자주국가성이 주장되었고, 내적으로는 당과 국가의 이해가 결합된 사통당의 자주적 지위가 강조되었다. 동독 헌법 제1조는 '독일 민주공화국은 노동자와 농민의 사회주의 국가이다. 독일 민주공화국은 노동자 계급과 마르크스-레닌주의 정당의 영도아래 도시와 농촌에서 일하는 사람들의 정치조직이다'라고 명시함으로써 사통당에 모든 주도권을 부여하였다. 사통당은 사회구성원 다수의 이익과 정치적 의사를 대변하는 정당으로 스스로를 변호하는 한편, 국가 정책의 지도노선을 결정하는 권한을 소지하고 있었다. 따라서 동독의 정치체제는 당 지도부가 동독 정치의 목적 및 주변환경을 규정하고 국가는 사통당의 결정사항을 법 제정 및 집행을 통해 수행함으로써 사통당의 도구적 역할을 담당하는 '정당국가' 형태를 지니고 있었다.[23]

동독 인민군 이념체계

동독군은 공산주의 이론에 입각하여 처음부터 "당의 군대" 즉 "노동자 사회주의 군대"로 창설되었다. 서독연방군이 프러시아와 제3제국 군대 전통의 승계를 의도적으로 외면한 것과는 달리 동독군은 외적으로는 군복과 군사적인 요식절차를 프러시아의 전통과 연결시키면서도 내적으로는 소련을 모델로 하여 공산주의 사상을 강화하고 교육하였다(하정열, 1996).

동독군의 지도자급 간부들은 군대를, 사통당과 국민의회 그리고 동독정부의 결의에 입각하여 건설했고, 하나의 사회주의 독일 군대가 되어지도록, 그들의 경험은 물론, 총체적인 지식과 능력을 투입하였다. 따

---

22) 이민호, 『독일사』(1996), 317쪽.
23) 민족통일연구원,『동서독간 정치통합 연구』(1996. 10), 39~41쪽.

라서 직책의 배치는 물론 군 소속인 들의 훈육에 이르기까지 모든 지휘는 마르크스-레닌주의 정당에 의해 이루어졌다. 훈육 또한 노동자 계급의 이념과 당의 결의를 기초로 하였다. 훈육의 목적은 마르크스-레닌주의와 사회주의적 애국심 그리고 프롤레타리아적 이념과 정신 속에서 군사적인 의무를 완수할 수 있는 사회주의적 군인 성격을 계발하는 것이었다.

동독군은 당의 군대로서 공산국가의 권력도구이며 독일 사회주의 통일당의 특권조직이었다. 당은 군 내부에 감시 및 통제기구를 편성하여 인민군내의 모든 장병을 통제, 감독하였다. 대부분의 군과 국경수비대 간부들이 공산당의 당원으로 활동하였으며, 군은 당의 명령에 절대적으로 복종하였고 당의 하수인으로서 모든 정치, 경제, 사회적인 조치를 절대 옹호하고 지원하였다. 또한 군의 고위층은 공식, 비공식, 발언을 통하여 당에 충성을 다할 것을 맹세하였으며 동독군과 국경수비대는 "공산당은 항상 정의이며 모든 것에 우선한다"는 구호를 즐겨 선창하였다.

동독 공산정부는 상무정신을 배양하고 전투 투사를 육성한다는 명분 하에 청소년들을 전투병화하는 것을 주저하지 않았다. 동독의 어린이에 대한 군사교육은 유치원에서부터 시작하였으며 고등학교에서는 필수과목으로 실시되었다. 이러한 교육을 통하여 사회주의 체제의 우월성 입증, 동맹국에 대한 우호분위기 조성 및 적에 대한 증오심 부각 등에 중점을 두고 실시되었다.

한마디로 동독군에서 이념의 기능은 다음과 같은 기능을 수행하였다. 첫째로 합법화 기능이었다. 이념은 당 지휘부의 정치적 활동을 정당화시키는 수단이었다. 둘째는 동원기능이었다. 이념은 집단성원들로 하여금 당지휘부에서 제시하는 임무완수를 지향하게 하고 집단을 이념적으로 명확한 행위를 하도록 자극하였다. 셋째는 인식과 해석기능이었다. 다른 세계관을 접해본 적이 없는 사람들에게 그들의 자연적이고 사회적인 세계를 이해하게 하였다. 이로 인하여 폐쇄적인 사고체로서 상대적인 고려를 알 수가 없게 되었다. 넷째는 통합과 제한기능이었다. 가능한 한 의식에 있어서 단일한 집합체가 생성되도록 하였으며, 주관적 역할, 자발성, 개별성 등은 집단주의라는 범주 안에서만 존재 가능하였다.

4.3 동 · 서독군의 군대문화

서독의 연방군과 동독의 인민군은 헌법적 차원 뿐 아니라 지휘 유형, 정신교육 내용, 장교단 특성, 병영문화, 의식 등에서 차이를 보였다.

동독 헌법의 기본권 조항은 내용과 비중 면에서 독일 연방공화국의 기본권 조항과 차이가 있었다. 서독 기본법에서의 기본권은 법치국가적 자유관에 입각하여 모든 자의적 국가행위에 우선하여 보장되었던 반면에, 동독의 기본권은 사회와 개인 간의 이해를 일치시키는 마르크스-레닌주의적 이데올로기의 목표와 목적, 예컨대 인간의 사회화, 개인과 집단 간의 동화, 공산당에 의해 설정된 사회주의 건설과업에의 헌신적 참여 동기 부여 등의 원칙에 의해 규정되었다. 이러한 점에서 볼 때 기본권은 국가권력이 공권력을 임의로 행사하여 개인의 활동 공간을 제한시키기 때문에 이를 방지하기 위한 수단의 일환으로 국가로부터의 자유를 의미하는 것이 아니라, 사회발전을 위해 불가피한 것으로 여겨지는 자유만이 기본권으로 인정된다는 점에서 국가를 위한 자유를 의미하였다. 즉 사회주의 발전을 위해서만 기본권이 보장된다는 원칙이 설정되었기 때문에 사회주의 목적에 위배되는 기본권은 극히 제한되었다. 따라서 공산당 유일 지배 체제하의 동독에서는 자유로운 의사표현은 물론 집회와 시위의 권리, 단결의 자유 등은 극히 제한 받았을 뿐만 아니라 쟁의권도 존재하지 않았다(황병덕, 1996).

동독군에서는 지휘에 대한 결정과 통제가 모든 지휘제대를 막론하고 중앙통제 형태로 이루어졌으며, 하급 제대가 독자적으로 결정하도록 인정하는 재량권은 극히 일부만 허용되었다. 따라서 자발성이 결여되고, 명령에 고정되어 오직 명령에 의해서만 업무를 처리하도록 길들여졌으며, 이것은 곧 창의성 부족으로 연결되었다.

서독연방군에서 정훈 교육시 동독을 적으로 부각시키지 않았던 반면에 동독군은 장병들에게 서독군에 대한 적개심을 불러 넣기 위하여 노력하였다. 이러한 노력의 한 예는 동독군의 신병 복무선서에서 볼 수 있다. "나는 나의 조국인 독일인민공화국에 충성을 다하고 노동자, 농민 정부의 명령에 따라 조국을 적으로부터 사수할 것을 맹세한다. 나는 또한 동독인민군의 병사로서 소련군과 사회주의 동맹군의 편에 서서 모든 적으로부터 사회주의를 방어하고 승리를 획득하기 위하여 목숨을 바칠 것을 맹세한다…" 특히 각 장병에게 수여하는 「군인 존재의 의의」라는 책자에서 적에 대한 개념을 아래와 같이 정립하였다. "동독인민군의 적은 공산주의를 반대하는, 공격전쟁을 위해 열심히 훈련하는 제국주의의 용병들이다. 그들은 명령만 받으면 즉시 우리를 공격하여 사살하려고 할 것이다. 그들이 독일어, 영어 또는 어떠한 언어를 사용하든, 그들이 서독연방군 군복 또는 제국주의 국가의 복장을 착용하든, 제국주의를 위하여 임무를 수행하며 근무하는 모든 연방군과 제국군대는 우리가 타도해야 할 적이다."

동독군 장교들의 학위과정은 서독의 일반 대학 전공들과 비교되어지기 힘들게 구성되었다. 따라서 문화부로부터 제대로 인정받지 못하는 별 효용이 없는 석사학위를 보유하게 되었다. 이러한 학위과정의 중점은 정치교육이외에 주로 대부분 전장에서의 훈련과 연관되어 있었다. 예로서 전쟁과 평화문제에 대한 사회학적인 조사와 현대전에 대비한 군 소속원들의 정치적, 도덕적, 심리적 준비와 제국주의적 전쟁론이 교육되었다. 또한 전투력과 전투 준비태세의 증진을 위해 군대역사학을 활용하였다.

동독군 장교단은 선발 시부터 엘리트 집단으로 간주되어 중, 고등학교 성적 우수자에 한해 사관학교 입교가 가능하였다. 군인들의 보수 수준은 타 직종에 비하여 월등하게 높았으며 여러 부분에서 특전을 누렸다. 장교 후보생들에게는 모든 과정에서 20% 이상의 정치교육을 통하여 사회주의 우월성이 주입되었다. 마르크스, 엥겔스, 레닌의 저서와 동독공산당의 주요 결정사항과 지침은 필수과목으로 선정되어 교육되었다. 이러한 정치교육의 목표는 장교를 사회주의의 골수분자로 양성하여 서독연방군 제국주의자를 타도하는 데 두었다. 그러나 장교단의 구성은 금지되어 상호간의 연대의식은 희박하였으며 상·하급자간의 경직된 계급 중심 분위기로 마음을 터놓는 대화는 불가능하였다.[24]

통일 전 동독 군은 서구 방송의 청취가 금지되었고, 정보와 주변과의 접촉이 차단되었으며 장기간의 전투대기 생활 등 현실과 격리된 생활을 경험해야만 하였다. 당의 견해나 해석은 정치교육과 부대의 사회적 보수교육을 통하여 관철되었다. 당의 노선에서 벗어나는 의견은 존재할 수 없었으며 이러한 상황은 폴란드와 체코의 경우보다 더 심하였다. 따라서 개혁잠재력은 전혀 개발될 수 없었다. 지휘직책에 따라 차별화된 보급과 보수체계는 직업군인들로 하여금 그들의 상급자들에게 종속되게 만들었다. 선호하는 직책은 얼마나 충성심을 보이느냐와 인맥에 의하여 부여되었다. 당에 의한 세상과 현실세계와의 차이는 이중 도덕성을 갖게 만들었다. 진정한 동료애, 전우애가 형성될 수 없고, 부대정신은 뚜렷하지 않았다. 부하들은 단지 명령을 수령하는 사람에 불과하였다. 거친 언성, 강압적인 행동요구 그리고 상급자와 하급자간의 커다란 거리감은 일상사가 되었다. 한마디로 동독 군에서는 인권 보장이 되지 않았다.

동·서독군의 이념체계 혹은 가치체계를 가장 잘 특징 지워주는 개념은 동독의 경우 마르크스-레닌주의와 사회주의이며, 서독의 경우는 자

---

24) 하정열, 『한반도 통일후 군사통합방안』(팔복원, 1996), 87–93쪽.

유 민주주의와 내적 지휘라고 볼 수 있다. 경제적인 측면에서 보면, 동독의 계획 및 통제에 의한 경제체제와 서독의 자유경쟁에 의한 자본주의 경제체제를 거론하게 된다. 사회적으로는 동독을 집단주의적 내지는 공동체적 의식이 강한 것으로, 서독을 개인주의적 성향이 강한 것으로 평가한다. 동독의 경우 추가적으로 체제 유지를 위한 사회통제, 폐쇄성, 계급구조, 특권층, 권위적, 지시와 복종의 문화 등이 거론된다. 반면에 서독의 경우는 입법국가, 개방성, 평등사회, 자율과 책임의 문화로 표현된다.

4.4 통일후 동독군 대상 동화교육

독일의 통일은 자유 민주주의 체제를 바탕으로 하는 서독과 공산 사회주의를 토대로 한 동독이 융합되어 새로운 체제를 형성하는 순수한 통합이기보다는, 동독의 모든 것이 서독의 체제에 동화되는 흡수통합의 형식으로 이루어졌다. 따라서 통일을 전후로 하여 서독과 동독의 내적 통합은 한편으로는 동독주민들이 서독의 기존 체제에 동화되는 과정이었으며, 다른 한편으로는 서독주민들이 통일과 관련된 상황에 대하여 올바르게 인식할 수 있도록 교육되어지는 과정이었다.

동독주민을 대상으로 한 동화교육에서 주로 강조되었던 사항들은 다음과 같다. 먼저, 권위주의적 정치문화에 길들여져 있는 동독지역 주민을 다원주의적 정치문화에 적응시키는 것이었다. 둘째는 자유민주시민 교육으로서 독일의 정치, 경제체제를 이해하고 공산주의 이데올로기 교육의 잔재를 제거하는 것이었다. 이를 위해 민주 정치의 과정과 기능을 이해시키고자 하였으며, 개인과 국가, 사회간의 관계 및 개인의 역할이 강조되었다. 셋째는 모든 동독지역 주민의 생활영역 내에 남아있는 "당의 진리규정의 독점성" 잔재를 제거하고 자연스럽게 자신을 표현할 수 있는 능력을 배양하며, 지시에 의해서만 움직이던 동독 주민들을 보호 문화에서 탈피토록 하였다. 넷째는 민주적 논쟁문화를 정착시키는 것이었다. 이러한 교육을 실시함에 있어서, 동서독 지역 주민들의 의식이 상이함을 고려하여 정치교육의 내용, 형식, 방법 등이 선택되도록 하였다. 특히 동독 주민들은 세뇌교육에 혐오를 느끼고 "누구에 의한 교육"에 반발하는 경향이 있기 때문에 강사를 통한 강연이나 토론 프로그램은 가급적 지양되었다. 그보다는 민주주의를 체험하는 방식을 주로 많이 사용하였다. 의회를 방문하거나 기존 도시간 자매결연을 통하여 상호 교제할 기회가 주어지도록 하였다.

서독 연방군에 의하여 주도되었던 군대의 내적 통합은 동서독 주민들을 대상으로 한 사회적 내적 통합과 동일한 맥락에서 이루어졌다. 독일의 군사통합도 마찬가지 "동독군 해체 후 개별 인수"라는 일방적인 흡수방식으로 진행되었기 때문에, 동화교육은 서독 연방군에 흡수될 동독군을 서독연방군의 체제에 순응시키는 재교육과 서독 연방군의 자체 인원에 대한 교육에 집중되었다.

이 교육의 목적은 독일 사회 전반에 대한 보다 정확한 이해와 인식을 통하여 국가관과 안보관, 군인관이 투철한 군사전문가를 양성하는 데 두었다. 교육 내용은 독일의 정치현황, 독일의 안보상황, 자본주의 체제, 동독의 사회상, 독일의 산업현황, 독일의 군사 등을 중심으로 구성하였다. 정치교육과정이 관리자를 양성한다는 측면에서 이루어진 교육이었다고 한다면 실무자를 양성한다는 측면에서 이루어진 교육과정이 젊은 장교단 과정이었다. 이 과정은 초급지휘자 과정을 거친 대위-소령 급을 대상으로 실시하였으며 매년 500명씩의 초급간부들이 젊은장교 과정을 이수하였다. 이 과정의 교육목적은 독일군에 대한 폭넓은 이해와 인식을 통하여 국가관과 군인정신이 투철한 핵심간부를 양성하는 데 있었다. 이를 위해 독일연방군 장교가 되는 길, 독일 군사, 각 군의 편성, 병역법 및 군법, 연방군의 권리와 의무, 복지, 사기, 처우 등에 대하여 교육하였다. 이와 같은 교육을 받은 인원들은 통일 이후 동독지역에 파견되어 고문단 역할을 수행하였으며, 젊은 장교 과정을 이수한 인원들 중에서 선발된 1500여 명은 구 동독군의 동화교육 내지는 재사회화 교육의 실무요원으로서 역할을 수행하였다(장경모, 1999).

통합이후 교육은 2년간 연방군에서 근무 대상자로 선발된 장병들을 대상으로 단계적으로 실시되었다. 이들은 먼저 연방군에서 제작된 자료들을 통하여 스스로 학습을 하였다. 여기에는 헌법, 군법, 군 상급자의 임무, 명령권과 상급자 내규, 후견인 제도, 군 훈육내규, 항소권, 연방의회 국방위원, 형법, 경비 및 안전 임무 등이 해당되었다. 이러한 자체학습이 이루어진 다음에는 서독군의 자매부대에서 4주간의 실습과 지휘 참모대학에서 2주간의 지휘통솔교육이 실시되었다. 이 과정에서는 내적 지휘의 기본원칙을 이해하고 이를 일과에 적용하고 법과 권리와 현대적인 인간지도와 성인교육에 따라 근무와 교육을 운영하고 계획할 수 있도록 교육하였다. 따라서 교육중점은 민주사회에서 군인의 위치, 제복을 입은 국민으로서 자세, 그리고 이러한 사고를 인간지도, 정치교육, 법 적용 등에 응용할 수 있도록 하는 데에 있었다. 지휘통솔교육을 이수한 장병들 중에서 대위급 이상 전 장교는 지휘참모대의 기본과정에 통합하여 12주간 통일 연방군의 실무 적응 능력을 배양하는 보수교육을 받도록 하였다. 여기에서는 정치교육, 국내외 안보정책 교육, 민주주의 체제하의 지휘통솔, 군법교육, 연방군 전술 및 무기체계 교육 등이 실시되었다.

제5장
임무형 지휘 개념과 필요성

5.1 임무형 지휘 태동과 역사[25]

임무형 지휘는 독일군의 임무형 전술(Auftrag staktik)이 그 시초이다. 임무형 지휘의 기본 개념인 임무형 전술이란 용어가 누구에 의해 언제부터 사용되기 시작하였는지는 정확하게 밝혀지지 않았지만, 임무형 전술이 태동하게 된 계기는 1806년 프러시아군이 나폴레옹의 국민군에게 예나(Jena)전투와 아우에르쉬테트(Auerstädt) 전투에서 참패한 후 군 개혁 위원회를 설치하여 패전의 원인을 분석하고 전반적인 군 개혁을 단행하는 과정에서 임무수행의 세부사항까지 구속하는 명령형 전술(Befehlstaktik)에 대한 반동으로 태동된 개념이다.

프러시아의 패인

전투력에서 결코 열세에 있지 않았던 프러시아군에게 양 개 전투에서의 패배는 충격적이었기 때문에 패전의 원인을 분석하고 그러한 역사를 반복하지 않겠다는 국가적 반성의 물결이 거세게 일어났다.

당시 프러시아군이 나폴레옹군에 패배한 원인에는 장군과 장교단의

---

25) 임무형 지휘의 역사에 대한 기술은 주로 외팅이 서술한 「임무형 지휘의 어제와 오늘」(박정이 역, 1997)을 참조하여 요약 정리한 내용임.

고령화 추세, 무능력한 군대지휘, 형식과 외형 중심의 부대 운영 등 여러 가지가 있었지만, 결정적인 원인은 '사고의 경직성과 지휘관들의 피동적인 지휘로 인한 자주성 결여' 그리고 군 최고지휘부가 전체적인 전략적 상황을 정확하게 파악하지 못한 데에 있었다. 이들은 아주 작은 것까지도 명령으로 하달되어 지휘되고 배치되었으며, 명령이 없는 경우에는 아무런 행동도 취하지 않았으며, 독자적인 결심을 취하지도 않았다. 장군에서부터 보병대대장과 기병중대장에 이르기까지 이들은 모든 것이 명령으로 하달되어야 하고 사령관은 신과 같은 존재여야 한다는 생각들이 만연하였다. 이에 프러시아의 군사개혁가들은 지휘관들의 자주적 행동역량을 강화시키기 위한 다양한 노력들을 추진하였다.

임무형 지휘의 기반 조성: 프러시아의 개혁

프러시아의 군사개혁은 새로운 소산대형에 기초한 전투교리를 발전시키고 지휘를 분권화하여 하급제대 지휘관들의 자주성을 강화하였다. 이러한 개혁의 움직임은 '군사적인 명령이 하급자로 하여금 그 실행과정에서 너무 세부적으로 기술되어서는 안된다'는 사상을 보편화시켰으며, 이러한 사상은 많은 군사문헌에서 주도성, 자발성, 자주성 등의 용어들로 표현되었다.

장교들의 주도성 강화는 오늘날 임무형 지휘의 핵심적 사상을 이루고 있는 부분이며, 이러한 노력에 있어서 중심적 역할을 수행한 사람들은 프러시아의 군사개혁에서 주도적 역할을 담당하였던 샤른호르스트(Scharnhorst, Gerhard Johann David von, 1755-1813) 중장과 그의 후임자 폰 그나이제나우(Gneisenau, August Wilhelm Anton, Graf Neidhard von, 1760-1831) 원수 그리고 프리드리히 칼(Friedrich Karl, 1828-1885) 왕자와 총참모장 헬무트 폰 몰트케(Moltke, Helmuth Karl Bernhard von, 1800-1891) 원수 등이다.

샤른호르스트는 국민개병제에 대한 적극적 옹호자였으며 상관의 지시에 맹목적으로 복종하는 군대를 개혁하여 조국에 봉사한다는 책임의식이 충만한 시민 군대를 만들고자 했던 사람이다. 샤른호르스트는 '특히 장교는 전쟁의 불안정한 상황에서 스스로 행동의 기준을 설정하고, 독자적인 상황전개 능력을 가져야 하며, 이것을 전장 환경에 부합시킬 줄 알아야 한다'고 주장하였다. 이러한 사상은 프로이센-독일제국 군대의 지휘사상에 지대한 영향을 미치게 되었다. 샤른호르스트의 동료이자 후계자인 그나이제나우 원수는 지침과 의도가 포함된 명령하달 방법을 발전시킴으로써 예하 지휘관들로 하여금 전체적인 임무의 범위 내에서 스스로 독자적인 사고와 행동영역을 갖게 하였다.

프리드리히 칼 왕자는 1850년과 1870년 사이에 여러 저술을 통하여 '임무형 전술'의 기본 토대 구축에 커다란 영향을 주었다. 그는 전투의 성패를 좌우하는 자주적인 결정권(Initiative)이 갖는 의미에 대해 확고한 견해를 갖고 있었으며, 이를 자주성 개념으로 승화시켜 활용하려 하였다. 그가 남긴 교훈들 중에서 임무형 지휘와 연관된 것을 살펴보면 다음과 같다.

- 분열행진시 굽혀진 무릎과 발의 위치를 교육/훈련 정도를 가늠하는 평가요소로 활용하는 것을 신랄하게 비판
- 자주성 결여와 책임에 대한 두려움 때문에 근무에 태만해서는 안되며, 자주성이 불복종으로 퇴화·변성되지 않도록 교육시켜야 한다.
- 모든 상급자들의 감독기능은 하급자들을 위한 후견인 역할에 소요되어야 한다.
- "당신이 언제 복종을 하지 않아도 되는 지를 반드시 알아야 하므로 국왕이 당신을 영관장교로 만들었소!"
- 훈련이 잘 된 부대에서는 전투시 작전의도들이 가능한 한 모두에게 전파되어서, 미리 예견할 수는 없지만 부여된 목적에 맞게 자신을 준비토록 해야 한다.
- 하급제대에 너무 많은 것이 명령으로 지시되어선 안된다. 그들도 활동영

역을 보유하고 이를 활용할 수 있는 능력도 구비하고, 또 그럴 준비가 되어 있어야 한다. 임무수행시 이 활동의 영역을 활용하다 실수를 저지를 수 있다는 점을 인정하여 기존의 좋은 취지를 살려야 한다. 즉 행동의 자유를 확보해 주기 위해선 상급자들이 자신들의 권한 행사를 함부로 하급 제대에까지 확대해서는 안된다.

몰트케 역시 임무형 지휘의 개념형성에 결정적인 역할을 하였는데, 그 중에서도 1869년에 제정된 「고급지휘관을 위한 규정」은 오늘날까지도 독일의 부대지휘교범에 큰 영향을 미치고 있다. 이 규정은 1866년 오스트리아와의 전쟁을 분석하면서 나타난 전투 및 작전지휘시 취약점을 보완하기 위해 출간되었다. 당시 발견된 가장 큰 취약점은 상급부대 지휘의도가 하급제대 지휘관에게 제대로 전달되지 못하고, 자의적으로 회피하여 정상적인 명령 분배가 불가능하였던 점이다. 또한 상급사령부의 지휘능력 부재와 하급사령부의 자주적인 작전수행 능력부족도 지적되었다. 이에 몰트케는 지휘의지의 관철과 예하지휘관들의 자주성 보장 간의 조화를 이루기 위해 명령하달 기술을 발전시켰다. 아울러 그는 명령수령자들이 자신에게 하달된 상급부대의 작전의도에 맞추어 행동을 해야 하며, 스스로 자주적인 결정권을 행사할 수 있는 마음의 준비를 하고 평소부터 이를 준비할 것을 강조하였다.

프러시아의 개혁과정에서 강조되었던 주도성 및 자주적인 결정권과 더불어 임무형 지휘(당시에는 임무형 전술) 개념에 대한 논의를 처음으로 기술한 인물은 총참모부 교육훈련국장이었던 오토 폰 모제르(Otto von Moser) 장군이다. 앞서 언급된 샤론호르스트, 그나이제나우, 몰트케, 프리드리히 칼 왕자 등은 일찍이 오늘날 임무형 지휘 개념을 구성하는 중요한 요소들을 찾아낸 사람들이지만, 이들은 완전한 정의를 정립해 놓지는 못하였다. 그에 반해 오토 폰 모제르는 소령으로 대대장 임무를 수행 중이던 1906년에 저술한 「전투에서 대대 교육 및 지휘」에서 임무형 지휘에 대해 다섯 쪽 이상에 걸쳐 분석한 결과를 수록하였다.

그에 따르면 임무형 전술은 1888년의 훈련규정에서 처음으로 명확하게 강조된 지휘방식이며 상급지휘관이 자신의 사고의 핵심단면을 하급지휘관에게 하달해 주는 것으로서, 전투시 각 종 과업을 성취함에 있어 정신적인 공감대가 형성되어야 한다는 것이다. 오토 폰 모젤의 저서는 당시에 생소했던 임무형 지휘 개념을 널리 유포시키는 좋은 계기가 되었으나 큰 성과를 거두지는 못하였다. 왜냐하면 그 후 수십 년 간 임무형 지휘라는 단어와 그것이 내포하고 있는 내용이 계속하여 각종 문헌에 소개되고 벌써 오래 전부터 이 의미에 맞게 부대를 지휘하기 시작하였음에도 불구하고, 그것이 명확하게 정의된 개념으로서 공식적인 인정을 받게 된 것은 제 2차 세계대전 후이기 때문이다.

임무형 지휘의 도약: 양차 세계대전을 통하여

제1차 세계대전에서 임무형 지휘의 적용결과는 상황과 인물에 따라 성패가 다르게 나타났다. 제1차 세계대전에서 임무형 지휘가 가장 성공적으로 적용된 사례는 탄넨베르크(Tannenberg) 전투에서 보여준 힌덴부르크와 루덴도르프의 독자적인 전술운영이다. 탄넨베르크 전투에서의 대승은 예하 제대 지휘관들에게 행동의 융통성을 부여함으로써 얻어진 쾌거로서 임무형 전술의 진수를 보여주었다. 그러나 마른(Marne) 전투에서 총사령관 몰트케가 일반참모부 장교인 헨취(Hentsch) 중령을 파견하여 이루어진 후퇴 명령은 기습을 통하여 얻을 수 있었던 모든 이점을 상실하게 되는 실패사례로 평가된다.

독일은 비록 제1차 세계대전에서 패배하였지만 임무형 지휘 개념은 계속 발전되었다. 1920년 육군참모총장으로 취임한 젝트(Seeckt) 원수는 임무형 지휘 개념을 재정비하고 몰트케의 지휘사상을 더욱 계승 발전시켰다. 특히 육군의 기계화 추세에 따른 기동부대의 지휘를 위해서는 보다 많은 자유재량이 부여되어야 하며, 상황전개에 따라 능동적으로 대처해야 한다는 의식을 고취시켰다. 1921년에 발간된 「제병협동 전투 및 지휘」라는 교범은 여러 곳에서 자주성, 결단력, 그리고 책임을 요구하였다. "전장공간은 자주적으로 생각하고 행동하는 투사를 요구한다. 지휘관은 자신의 의도를 위태롭게 하지 않는 범위 내에서 부하에게 행동의 자유를 보장하여야 한다. 그러나 지휘관 자신이 스스로 책임져야 할 결심을 부하에게 위임할 필요는 없다."

양차 세계대전 사이에서 임무형 지휘 개념은 지속적으로 강조되었으며, 특히 지휘관들의 책임의식이 더 강조되었다. 또한 이 시기에는 복종과 독자적 사고와 행동 간의 적절한 조화와 협력을 통해 "복종 속의 자유"라는 전통적인 독일의 지휘개념이 도출되었다. 이에 따라 명령에 따른 시행만을 강요하는 군기보다는 전투원이 작전상황에 영향을 주는 각종 요소를 분석하고 활용할 뿐만 아니라 작전실시의 목적과 필요성에 대한 통찰을 통해 모든 행위에 대해 계획성 있게 판단하는 것이 더욱 중요한 의미를 갖게 되었다.

전투에서 자주성과 독단적인 주도권 활용을 중시하는 독일군의 임무형 지휘는 제2차 세계대전의 여러 전역에서 큰 빛을 발하였다. 구데리안은 참모총장인 할더의 판단을 외면하고 모든 결심을 독자적으로 내려 프랑스 전역에서 승리를 얻을 수 있었다. 롬멜이 구사한 분권화 결심 및 전방 전투지휘, 전격적 교리에 입각한 신속한 전과확대 등은 임무형 지휘의 진가가 더욱 더 발휘되게 하였다. 이와 같은 자주적인 행동은 상급 제대에서 뿐 아니라 하급제대에서도 빈번하게 이루어졌다. 제2차 세계 대전시 독일의 최고 훈장인 '철십자 훈장'의 수여조건을 보면 역시 임무형 지휘가 하급제대에까지 매우 강조되었다는 것을 알 수 있다. "철십자 훈장은 특별히 전투에서 결정적으로 용기 있는 행동을 한 자에게 수여한다. 전제조건은 전반적으로 전투지휘에 있어서 독창적이고 자주적인 결심, 탁월한 용맹성과 결정적인 전과 등이다." 그러나 히틀러의 중앙 집권적 지휘와 하급부대에 대한 간섭은 임무형 지휘의 암흑기를 맞이하게 하였고, 결국은 독일군의 패전을 초래하게 되었다.

임무형 지휘의 부활: 독일연방군의 지휘철학

1945년 독일의 패망과 함께 임무형 지휘도 사라지는 듯 했으나, 독일연방군의 창설과 함께 임무형 지휘에 대한 관심이 다시 싹트기 시작하였다. 1955년에 독일연방군이 창설되면서 당시 임무형 전술을 육군의 지휘사상으로 수용하였으며 임무형 전술의 원칙들이 평시 병영생활에도 적용되도록 하였다.

육군의 지휘를 위한 연방군 교범에서는 임무형 전술을 줄곧 반복하여 강조하였으며, 내용은 기본적으로 과거와 같은 개념이었으나 보다 더 상세하게 기술되었다. 1977년에 발간된 「부대지휘」 교범에서는 임무형 전술 개념이 '하급자가 명령자의 의도범위 내에서 임무수행상의 폭넓은 자유를 갖게 하는 지휘방식'으로 정의되었으며, 모든 제대에서 동시에 생각하고 판단하는 것과 결단력 그리고 책임을 자각한 행동의 통일성이 요구되었다. 1977년 육군참모총장은 전적으로 임무형 전술에 대해서만 기술된 지휘서신을 보내기도 하였으며, 한 장군은 군사전문지에 「임무형 지휘의 화려한 부활」이라는 논문을 게재하였다.

독일 국방부는 1979년에 발간한 국방백서를 통하여 임무형 전술에 대한 공식적인 견해를 최초로 언급하였다. 이 국방백서 제 175항은 임무형 전술에 대해 서술하고, 176항은 임무형 전술이 독일군의 전통적 지휘기법으로 공식 채택되어야 할 필요성을 제기하면서 이 전통이 연방군내에 확실하게 뿌리를 내리고 이에 어긋나는 지휘사례가 발생하지 않게 하기 위해 "독일 연방군의 지휘능력과 결심 능력을 강화하기 위한 특별위원회"를 결성한다는 것을 밝혔다.

특별위원회는 1966년부터 1972년까지 제4대 연방군 총장을 역임한 드 메지에르(De-Maiziere) 대장을 단장으로 구성되었으며, 1979년 10월 연구보고서를 국방부에 제출하였다. 이 보고서에서 임무형 전술과 관련된 핵심내용을 보면 다음과 같다. "임무형 전술은 전시뿐만 아니라 평시에도 연방군이 적극 적용해야 할 개념이며 이에 따라 임무형 지휘라는 용어를 기본으로 하고 임무형 전술을 병행 사용해야 한다". "이를 적용하기 위해서는 어떻게 교육시켜 나갈 것인가에 대한 전군적인 노력이 전개되어야 한다."는 내용이었다.

1987년도에 발간된 「부대지휘」 교범에서는 임무형 지휘 개념을 보다 확대하여 정의하고, 임무형 지휘를 독일 육군의 기본적인 지휘방식으로 명시하였다. 임무형 지휘는 전시에 적용되어야 하나 평시 업무수행에서의 적용이 더욱 중요하다는 점도 강조되었다. 임무형 지휘는 부하에게 보다 많은 행동의 자유를 보장하는데, 자유의 폭은 수행해야 할 임무에 따라 차이가 있다. 상급자는 부하가 임무를 수행하는 과정에서 상관의 의도실현이 불가능하다고 판단될 때에만 간섭해야 한다는 것을 강조하고 있다.

독일이 임무형 지휘에 대해 자신감을 갖고서 스스로 적극적인 관심을 재개한 계기는 국외적으로 미국을 중심으로 한 타 국가에서 먼저 활발한 연구가 진행되었기 때문이며, 국내적으로는 1990년 독일의 통일 당시 서독의 연방군이 실시한 동독군 합병작전이 임무형 지휘의 부활과 승리로 높이 평가되었기 때문이다.

1998년 새롭게 발간된 독일군 작전요무령에서 임무형 지휘를 독일 육군의 최상위 지휘원칙으로 명시하였으며, 2000년도 개정판에서도 그 기조를 그대로 유지하였다. 독일군의 임무형 지휘는 독일군의 해외파병 작전에서도 그 진가가 높이 인정되었으며 2007년에 재발간된 『부대지휘』 교범(HDv 100/100)에서는 "임무형 지휘"를 위한 별도의 장 제목으로 기술하고 관련 내용을 3개 항에서 15개 항으로 확대하였다. 여기에서는 지휘관에게 부여되는 책임의 불가분성을 명시하고, 상·하급자 간 사고와 행동의 일치 및 통일을 강조하였으며, 네트워크 작전환경하에서 호기 사용을 위한 기본 전제조건으로 임무형 지휘를 명시하였다.

5.2 임무형 지휘 개념

임무형 지휘, 임무형 전술, 임무

임무형 전술 또는 임무형 지휘의 발원지인 독일군에서는 우리가 사용하는 '임무형 지휘'에 직접 대응되는 용어 대신에 'Auftragstaktik(임무형 전술)', 'Führen durch den Auftrag(임무를 통한 지휘)' 혹은 'Führen mit Auftrag(임무에 의한 지휘)'라는 용어를 병행하여 사용하였으며, 2007년부터는 '임무에 의한 지휘'로 통일하여 사용하고 있다. 임무형 지휘는 주로 전술적 상황에 적용되는 '임무형 전술' 개념을 교육, 훈련, 부대관리 등 군사적 임무 전반으로 확대하여 적용한 개념이다.

미군은 월남전 이후 독일군의 '임무형 전술' 혹은 '임무를 통한 지휘' 개념을 도입하여 통제형 지휘(detailed command)와 대비되는 개념으로 '임무형 지휘(mission command)'라는 용어를 사용하고 있다. 한국군에서 '임무에 의한 지휘'라는 표현 대신에 '임무형 지휘'라는 표현을 사용하게 된 것은 육군이 1999년에 독일의 임무형 전술을 육군의 지휘개념으로 채택하는 과정에서 합의한 결과이다. '임무형 지휘', '임무를 통한 지휘', '임무에 의한 지휘' 등은 용어상의 차이일 뿐이며, 이들의 본질적인 의미는 동일하다. 따라서 본서에서는 임무형 지휘로 통일하여 사용하기로 한다.

임무형 지휘에서 임무(Auftrag)란 "상급 지휘관의 의도를 구현하기 위해 예하부대에 하달하는 명령방식의 일종"으로 목표와 목적을 명확하게 명시하되 수행방법은 하급자에게 위임하는 형식으로 이루어졌다. 다시 말해서 '임무'는 하급자에게 요구되는 모든 행위를 명확(detail)하게 기술하는 통제형 명령(detailed order)이 아니라, 제한된 범위 내에서 하급자의 주도적인 재량 행위를 보장하는 분권형 명령(decentralized order)을 의미한다.

임무형 지휘 정의와 대비개념
정의

독일 연방군의 임무형 지휘개념을 더 쉽게 이해하기 위해 미 육군이 임무형 지휘에 대해 어떻게 정의하고 있는지 살펴보자. 미 육군은 2003년에 발간한 야교 6-0「임무형 지휘: 육군의 지휘통제」에서 임무형 지휘를 목적과 위상 그리고 지휘관의 행동을 중심으로 기술하고 있다. 미 육군의 정의는 독일군과 달리 임무형 지휘를 명령권자 입장에서 기술하고 있는 것이 특징이다.

- 임무형 지휘란 효과적인 임무수행을 위하여 임무를 달성하는 데에 있어 예하부대에 최대한의 계획수립과 행동의 자유를 보장하고, 어떻게 임무를 달성할 것인가의 방법을 예하부대에 위임하는 '임무형 명령'에 기초하여 수행되는 분권화된 군사작전이다.

독일 연방군과 미군의 정의를 종합하여 보면, 이들은 공통적으로 임무형 지휘의 목적, 임무형 지휘의 성격 혹은 위상, 지휘관의 역할, 그리고 부하의 역할에 대해 명시하고 있다.

- 임무형 지휘의 목표는 '부여된 임무를 효율적으로 달성하는'데에 있다.
- 임무형 지휘의 성격 혹은 위상은 일종의 지휘철학 내지는 지휘개념으로 인식되고 있다.
- 지휘관의 역할들 중에서 핵심은 지휘관의 의도와 부하의 임무를 명확히 제시하되 임무수행 방법은 최대한 위임한다는 것이다.
- 부하의 역할은 지휘관의 의도 내에서 자율적이고 창의적으로 임무를 수행하는 것이다.

지금까지 정의와 관련하여 논의된 사항을 종합하면 '임무형 지휘'는 다음과 같이 이해하는 것이 가장 적절하다.

- 임무형 지휘는 부여된 임무를 효과적으로 달성하기 위하여 지휘관은 명확한 의도와 부하의 임무를 제시하고 임무수행 방법은 최대한 위임하며, 부하는 지휘관의 의도와 부여된 임무를 기초로 자율적이고 창의적으로 임무를 수행하는 지휘개념이다.

대비개념

임무형 지휘는 자주성의 원칙을 강조하는 임무형 전술개념에 뿌리를 두고 있으나, 여러 나라에서 각 국의 여건에 따라 자체적으로 발전시켜 온 결과 조금씩 상이한 모습을 갖추게 되었다. 오늘날 임무형 지휘는 그 개념 속에 전장상황의 불확실성과 전장의 주도권 확보에 시간적 요소가 결정적이라는 등 전쟁의 본질적 속성을 가정하고 있으며, 지휘자의 특성과 자질, 상·하급자간의 관계, 교육 훈련 등의 요소들로 설명되어지는 매우 복합적인 지휘개념으로 발전되어 왔다. 이처럼 복합적으로 발전되어 온 개념의 속성을 이해하기 위해서는 각국에서 임무형 지휘가 어떤 개념들과 대비되고 있는지를 살펴볼 필요가 있다.

독일에서는 임무형 지휘의 모태가 되는 임무형 전술(Auftragstaktik)의 개념을 명령형 전술(Befehlstaktik)과 대비된 개념으로 이해하려는 시도들도 있었다. 즉 임무형 전술 이전의 전술 개념을 명령형 전술이라 칭하고, 명령형 전술의 문제점을 극복하기 위한 방안으로 임무형 지휘가 나타나게 되었다고 설명한다. 하지만 임무 또한 명령의 한 유형이라는 측면에서 보면 완전히 대비되는 개념으로 보기에는 무리가 있다.

미군은 야전교범 6-0에서 임무형 지휘를 통제형 지휘와 대비되는 개념으로 설명하고, 이를 〈표 5.1〉에서 보는 바와 같이 전쟁에 대한 가정, 조직의 형태, 조직내 의사소통, 조직운영 체계, 리더십 유형 측면에서 비교하였다. 이에 따르면 임무형 지휘는 분권화, 자발성, 주도성, 상호

작용적 의사소통, 위임, 변환적 리더십의 특성을 갖는다.

〈표 5.1〉 임무형 지휘와 통제형 지휘의 특징 비교

임무형 지휘	구 분	통제형 지휘
· 가변적, 예측 불가능 · 불확실	전쟁에 대한 가정	· 고정적, 예측 가능 · 확실
· 분권화 · 자발적, 주도적 · 모든 제대의 능력 중시	조직 운영 체계	· 중앙집권식 · 강제적, 복종적 · 상위제대의 능력 중시
· 유기적 · 수직적/수평적 · 상호작용적	조직 형태 및 의사소통	· 위계적 · 수직적 · 일방향적
· 위임형 · 변환적 리더십	리더십 유형	· 지시형 · 거래적 리더십

육군은 1999년도에 임무형 지휘를 육군의 지휘개념으로 채택하면서 기존의 지휘를 지시일변도의 통제형 지휘로 분류하고 이와 대비된 개념으로 임무형 지휘를 제시하였다. 육군은 기존의 지휘가 과도한 지시와 간섭 위주의 지도 감독, 지시에 순종하는 부하 선호, 전시효과 및 단기 업적 위주, 의사결정의 경직화 등으로 인하여 미래전과 장병의 의식성향을 수용하는 데에 제한이 있다고 보고, 자율과 창의 그리고 책임에 기초한 임무형 지휘의 채택을 제안하였다.

임무형 지휘의 위상

임무형 지휘의 본산인 독일연방군의 경우 임무형 지휘를 별도로 교범이나 책자로 정리하지 않고 있으며, 육군교범 『부대지휘(Truppenführung)』(HDv 100/100)의 "지휘" 부분에 부분적으로 임무형 지휘와 관련된 내용을 아래와 같이 기술하고 있다.

- 임무형 전술 혹은 임무에 의한 지휘는 육군의 최고 지휘 원칙이다.
- 이는 상호신뢰에 기초하고, 각개 군인으로 하여금 임무완수와 지시된 목표에 도달하려는 의지와 더불어, 책임을 지고 임무 범위 내에서 협력적, 자주적, 창의적 행동을 수행하고자 하는 각오를 요구한다.
- 임무형 지휘는 상급 지휘자가 하급 지휘자에게 자신의 의도에 대해 가르쳐주고, 명확하고 도달 가능한 목표를 설정하며, 요구되는 전력과 수단을 제공하면서 임무 수행상의 자유를 보장해야 한다.

상기한 정의를 살펴보면 임무형 지휘의 위상을 '육군 최고 지휘원칙'으로 명시하고 있으며, 이를 위한 전제조건들을 제시하고, 아울러 임무형 지휘의 구현을 위해 지휘관과 부하가 각기 취해야 할 수칙에 대해 언급하고 있다. 무릇 임무형 지휘는 육군의 전 간부가 견지해야 하는 일종의 지휘철학 내지는 지휘개념의 위상을 갖는다.

임무형 지휘의 본질을 좀 더 정확하게 이해하기 위해 독일연방군 지휘참모대학에서 제시한 이론에 따라 임무형 지휘의 구성요소를 군대지휘 차원에서 분석하면, 인적인 요소와 조직·기술적 요소로 구분할 수 있다. 인적인 요소는 지휘행태로 표현되는데 지휘통솔 원칙들과 관계되며, 조직·기술적 요소는 지휘체계와 관계되어 있다. 이들에 대한 심도 깊은 이해는 2장에서 설명되는 '임무형 지휘의 기본정신과 전제조건' 그리고 4장에서 설명되는 '임무형 지휘의 적용 및 활성화 방안'을 참고하도록 한다.

임무형 지휘의 인적 구성요소인 지휘행태는 상관과 부하의 구비조건, 교육훈련, 훈육, 응집력 등을 규정한다. 상관과 부하의 구비조건은 군대지휘관(자)이 갖추어야 할 품성과 능력 그리고 정신적인 요소들을 의미한다. 교육훈련은 임무형 지휘를 위한 간부교육의 내용과 방식에 관한 것이며, 훈육에서는 자발성과 주도성을 강화시키는 활동이 강조된다. 응집력은 궁극적으로 신뢰에 기초한 단결과 이를 위한 진두지휘 원칙에 관한 것이다.

임무형 지휘의 조직·기술적 요소인 지휘체계는 지휘기구, 지휘수단, 지휘 및 참모활동절차를 포함한 지휘방법 등으로 구성된다. 지휘기구는 원천적으로 중앙집권적 특성을 갖고 있는 군대지휘를 임무형으로 구사하기 위한 제도적 장치로서 책임과 통제의 한계를 명시적 혹은 묵시적으로 설정하는 것을 의미한다. 지휘수단은 지휘관 및 참모들이 보다 효과적으로 부대를 지휘하는 데에 사용되는 시설 및 기술장비들로서 임무형 지휘의 목저을 달성하기 위한 제한사항에 관한 것이다. 지휘절차는 상황파악, 계획수립(상황판단, 결심수립, 작전계획), 명령 하달 및 감독의 4단계로 구성된 순환과정을 의미한다.

'임무형 지휘가 리더십인가?' 라는 질문에 대한 답은 쉽지 않다. 임무형 지휘를 리더십으로 보기 위해서는 먼저 지휘(Command) 개념과 리더십 개념간의 관계에 대한 합치된 견해가 전제되어야 하기 때문이다. 지휘의 개념을 협의의 관점에서 보면 지휘통솔의 일부분으로 보아야 하나, 지휘의 개념을 광의의 관점에서 보면 지휘통솔 이상의 개념으로도 볼 수 있는 것이다. 따라서, 아직까지도 리더십을 연구하는 학자들 간에 지휘, 통솔, 지휘통솔, 그리고 리더십에 대한 개념 정의가 일치되지 않은 상황에서 임무형 지휘가 리더십인지 여부에 대해 논하는 것 보다는 오히려 임무형 지휘를 지휘개념 차원에서 좀 더 본질적으로 이해하는 노력이 필요하다.

5.3 임무형 지휘의 필요성

오늘날 세계 각국의 군대는 임무형 지휘 내지는 임무형 지휘와 유사한 지휘 방식의 활성화를 강조하고 있다. 임무형 전술과 임무형 지휘의 발원지인 독일은 이미 2차 세계대전 이후 연방군을 창설할 당시부터 임무형 지휘의 필요성을 재차 강조하였으며, 지금까지 지속적으로 발전시켜오고 있다. 미군은 1980년대에 들어서서 임무형 전술개념을 도입하였으며 2003년에는 미 육군의 지휘개념으로 공식 채택하였다. 한국은 1998년에 임무형 지휘개념의 연구를 본격적으로 시작하여 1999년 육군의 지휘개념으로 공식 채택하였다. 이스라엘과 일본을 포함한 여러 국가에서도 이미 오래전부터 임무형 지휘에 대해 관심을 갖고 자국화하는 노력을 경주하고 있다. 그렇다면 이처럼 선진국의 군대에서 임무형 지휘를 지휘개념으로 채택하여 강조하는 이유는 무엇일까? 그 이유는 다음과 같이 요약될 수 있다.

전쟁의 본질적 특성

전쟁은 근본적으로 불확실성과 우연성의 영역이며, 전쟁 준비과정에서 수립된 계획의 대부분은 전쟁의 시작과 더불어 수정되어야 하는 경우가 허다하다. 최초의 계획이나 명령을 내린 시점 이후 전장상황이 변화되지 않은 채 유지되는 경우는 거의 없다.

오늘날 과학기술의 발달로 사거리, 정밀도 및 파괴력이 증대된 무기체계가 출현하고 실시간 정보 · 지휘통제 능력이 획기적으로 발전됨에 따라 정밀타격전, 네트워크 중심전 등의 새로운 전쟁양상이 대두되고 있다. 그러나 이처럼 과학화된 전장에서도 불확실성은 여전히 존재한다.

이라크전에서 이미 경험하였듯이 급작스럽게 몰아치는 모래폭풍하에서는 사전에 계획된 그 어떤 것도 할 수 없었으며, 안정화 작전 중에는 민간인, 적군, 아군과 테러리스트가 혼재되어 예기치 않은 돌발 상황이 발생하곤 하였다. 이러한 상황은 최초 계획을 무용지물로 만들기도 하였으며, 뒤늦은 조치로 인하여 전장의 주도권을 상실하게 될 위험성에 처하기도 하였다. 이는 곧 전장이 첨단 과학화된 모습을 갖추었다 하더라도 불확실성은 여전이 존재한다는 것을 의미하며, 불확실한 상황에서 혼돈스럽고 무기력한 반응대신 즉각적이며 주도적인 반응을 보일 수 있는 체제가 갖추어져야 한다는 것을 의미한다.

그런데 이처럼 상황이 급변하고 불확실성이 난무하는 전장상황에서 모든 것을 중앙에서 통제하는 방식으로는 전장의 불확실성을 극복하는 데에 한계가 있다. 결국 이러한 문제를 해결하기 위해서는 현장에 있는 지휘관이 상급지휘관의 의도 내에서 적시적절한 판단과 결정을 하여야 하며, 이를 위해서 현장의 지휘관들이 평시에 상급제대 지휘관의 의도범위 내에서 자주적이며 주도적으로 임무를 수행하도록 훈련되어야 한다.

미래 전장 환경

미래전은 과학기술의 발달과 사거리, 정밀도 및 파괴력이 증대된 무기체계가 출현하고 실시간 정보 · 지휘통제 능력일 획기적으로 발전됨에 따라 정밀타격전, 네트워크 중심전, 동시 · 통합전 등의 새로운 양상으로 전개되어가고 있다.

정보 · 통신기술이 발전하고 C4I체계가 보편화되면서 전장은 공간적으로 광역화되었으며, 기존의 3차원 공간에서 우주 및 사이버 공간을 포함한 5차원으로 확대되고 있다. 아울러 전장관리가 자동화되며, 정보공유가 실시간으로 이루어지고 기동전과 같은 새로운 작전형태가 출현하면서 지휘결심을 비롯한 작전활동에 요구되는 시간이 급속도로 단축되는 등 작전템포가 급속도로 빨라지고 있다.

또한 장차전에서 병력의 분산도는 더욱 더 확장되어가는 추세이며, 이는 단위부대의 독자성과 역할의 중요성을 더욱 더 증가시켰다. 장차전에서는 가방형 핵폭탄을 소유한 일군의 장병들이 한 국가의 운명을 좌지우지 할 수도 있을 것이며, 특수 임무를 수행하는 1개 소대 병력이 국가의 사활을 결정하는 역할을 수행할 수도 있을 것이다. 이러한 의미에서 각 개 간부의 임무수행 역량이 전장의 주도권 확보와 전승에 미치는 영향은 점차 증대되어 가고 있다.

이처럼 전장 환경의 급격한 변화 속에서 부대를 효과적으로 지휘하기 위해서는 상황변화에 대한 신속한 대처가 필수적이다. 그런데, 상급부대에 의하여 단계별로 해야 할 일들이 세부적으로 지시되고 예하부대들은 그대로 수행해야하는 통제형 지휘로는 급격한 변화에 대한 능동적 대처가 곤란하다. 시간적 여유가 없고 상급 지휘관으로부터의 지침 수령이 제한될 경우, 현장 지휘관이 상급 지휘관의 의도범위 내에서 변화된 환경에 자발적이며 창의적으로 그리고 주도적으로 대응하여야 한다. 이를 위해서는 임무형 지휘가 불가피하다.

군의 전투지휘체계가 디지털화됨으로써 거의 모든 수준의 지휘관들은 예하 장병들의 개별 행동까지 감시하고 통제할 수 있게 됨으로써, 디지털화는 임무형 지휘보다 통제형 지휘를 강화시키는 도구로 활용될 수 있다. 그러나 이것은 디지털 정보체계를 잘 못 이용하는 것이다. 오히려 현대의 정보체계가 임무형 지휘의 수행에 크게 기여하고 있다고 볼 수 있다. 무엇보다도 정보체계는 예하부대의 주도권 행사에 지침이 되는 공통작전상황도의 제공을 가능하게 하며, 예하부대 지휘관들로 하여금 상급지휘관의 의도를 파악하고 상황을 정확히 인식하도록 도와준다. 즉 전투지휘체계의 디지털화가 임무형 지휘를 제약하는 요인으로 작용하기 보다는 오히려 더 효과적으로 운용될 수 있는 기반을 제공하고 있다.

사회적 추세 및 장병 의식성향

고도의 경제성장과 사회의 민주화 분위기속에서 성장한 신세대들은 무조건적인 충성과 강요에 의한 복종 그리고 권위주의적 지휘문화를 과감하게 거부하고 개성을 중시하며 매우 높은 사회참여 의식을 갖추고 있다. 이들은 통제보다는 자율을 중시하고, 획일된 가치보다는 다양한 가치를 추구하며, 합리주의적 지휘문화를 선호한다. 특히 신세대 장병들은 사고와 행동이 자유분방하며 개인의 의사를 자유롭게 표현하는데에 익숙해 있다. 아울러 빠른 두뇌와 창의력을 보유하고 있을 뿐만 아니라 미래 지향적 사고를 지니고 있다.

만약 지휘관들이 이러한 부하들에게 과도한 지시와 간섭위주의 지도 감독을 하거나, 능력 있고 소신 있는 부하보다 자신의 지시에 순종하는 부하를 선호하는 권위주의적 지휘를 할 경우, 부하들은 자율적이고 창의적인 임무수행 보다는 피동적이며 관행적인 방식으로 임무를 수행하게 된다. 한 개인의 역량 발휘는 강압적이고 맹목적인 복종의 경우 보다 함께 사고하고 주도적으로 임무를 수행할 때 더 강하게 이루어진다.

임무형 지휘는 근본적으로 자율, 창의, 주도성, 책임감을 핵심가치로 내포하고 있는바, 이는 신세대들의 역량을 극대화시켜주는 지휘문화의 특성과 일치한다. 따라서 임무형 지휘는 신세대들로 하여금 상급지휘관과 함께 사고하고 주도적으로 임무를 수행하게 함으로써 그들의 능력발휘를 극대화시켜준다.

한국적 특성

임무형 지휘는 역사와 전통이 다른 독일에서 태동된 개념으로 원활한 기동전이 가능한 유럽 지역에서 효과적이며, 한국적 상황에서는 그 효과성이 떨어질 것이라는 의견이 있다. 그러나 한반도의 전장 환경, 북한군의 전략전술, 평시 임무수행실태 등을 고려해 볼 때 한국적 특성은 오히려 임무형 지휘를 더 요구하고 있다고 보아야 한다.

우리나라의 지형은 대규모 기동전을 펼치기 어려운 지형이나 작은 규모의 기동전은 여전히 가능하며, 평지나 구릉지역이 적고 대부분 산악으로 이루어진 한국 지형에서는 소부대급 지휘관의 독단적 활동의 가능성이 훨씬 더 높다. 가파른 산과 골짜기는 통신소통을 제한하여 각 전투부대들이 시시각각으로 변하는 상황에서 상급부대로부터의 명령을 받지 못한 채 상급자의 의도에 따라 작전을 수행해야 하는 경우가 빈번하게 발생할 수 있다. 이렇게 보면 오히려 한국적 지형에선 소부대 단위의 분권화 작전을 시행할 가능성이 더 높다.

북한군은 화학무기를 포함한 고속기동전, 특수부대의 비정규전 등 동시성과 통합성을 유지한 전 전장 동시전투로 기습공격을 할 가능성이 매우 높다. 또한 북한군은 소부대급의 우회조 또는 침투조 등을 이용한 후방침투전술이 발달되어 있어서 후방교란과 함께 주공격부대가 공격을 하는 배합전술을 사용하고 있다. 이와 같은 북한군의 기습공격은 초전에 우군의 마비상태를 야기할 가능성이 크다. 혼돈의 초기작전을 준비된 작전계획과 상급자의 의도에 부합되게 수행하기 위해서는 각급 지휘관이 급변하는 상황 속에서 능동적이며 적극적으로 작전을 실시하여 주도권을 장악해야 할 필요성도 있다.

창군이래로 군의 지휘관들은 부하들에게 과도한 지시와 간섭위주의 지도감독을 하거나, 능력 있고 소신 있는 부하보다 자신의 지시에 순종하는 부하를 선호하는 권위주의적인 지휘를 해 온 경향이 있다. 이에 따라 부하의 자율성과 창의력 발휘를 저해해 왔고, 그들의 근무태도를 피동적으로 만든 경우가 많았으며, 상·하간의 의사소통을 경직되게 만드는 요인으로 작용하였다. 또한 일부 지휘관들은 전시효과 및 단기업적 위주로 임무를 수행하고, 검열과 측정에 대비해서 부대를 지휘함으로써 과정과 절차를 경시하고 결과에만 관심을 두기도 하였다. 이에 따라 부하들이 업무의 전문성을 구비하도록 능력을 개발시키는 장기적인 제도적 장치가 부족하였으며, 부하들이 지휘관의 군사지식과 전술관에 공감대를 형성하도록 교육하는 기준도 상이하였다. 이러한 형태의 통제형 관행으로는 미래전을 주도하거나 신세대 장병들의 의식성향을 수용할 수 없다. 따라서 육군의 새로운 지휘개념 정립이 절실하게 요구되고 있다.

제6장
임무형 지휘의 기본정신과 전제조건

6.1 임무형 지휘의 기본정신

복종의 자유

군에서 복종은 가장 중요시해야 할 가치들 중 하나이다. 그러나 무조건적인 복종은 실행과정에서 잘못된 결과를 초래할 가능성이 크다. 예를 들어 하달된 명령이 상황변화에 따라 더 이상 유효하지 않게 되면 하급자는 상급 지휘관의 의도를 염두에 두고 나름대로 최선의 방안을 조치해야 한다. 이때 하급자들은 급변하는 상황을 자신의 판단에 따라 조치할 수 있어야 한다.

프러시아와 독일식 군기의 특징, 즉 임무형 지휘는 명확한 군기를 확립하면서도 내면적으로는 복종의 자유를 인식시켜 이를 적절히 활용할 수 있도록 교육시키고 있다. 임무형 지휘는 예하 지휘관들이 상급 지휘관의 지시나 명령에 무조건적으로 복종하는 것을 원하지 않는다. 그보다는 예하 지휘관들에게 상급 지휘관과 사고의 축선을 함께 하면서 자주적이며 창의적인 모험을 시도하는 열정을 요구한다.

임무형 지휘에서 강조되는 복종의 자유는 곧 자주적 행동과 연결된다. 임무형 지휘에서는 근무를 태만히 하는 것이 수단과 방법의 선택을 잘못하는 것보다 더 문제가 된다는 것을 강조한다. 예하 지휘관들은 자신을 단순한 명령수령자로 여겨서는 아니 되며, 반대로 자신이 전체 목표를 달성하는 데 있어서 중요한 일원으로 공동책임을 지고 있음을 명심해서 자주성을 상실해서는 안된다. 그러나 자주성은 양날을 가진 칼과 같아서 잘 사용할 때는 매우 유익한 무기이지만 잘못 사용하게 되면 자신도 다칠 수 있다. 따라서 명령 수령자의 자주성은 복종속의 자유를 의미하는 것이지 절대적인 자유를 의미하지 않는다는 것을 유념해야 한다.

통제형 지휘의 한계 인식과 현장 지휘관의 판단 존중

지휘는 역사적으로 여러 가지 방식으로 운영되어 왔는데, 가장 대표적인 방식은 '통제형 지휘'와 '분권화 지휘'이다. 통제형 지휘에서는 전장에서의 우발적인 상황 발생을 가정하지 않으며, 전장의 모든 불확실한 요소들은 강력하고 효율적인 지휘통제체계의 구축으로 극복할 수 있다고 믿는다. 때문에 정보보고는 상향식으로 이루어지고 명령하달은 하향식으로 이루어지며, 상급부대는 '무엇을 할 것인가' 뿐만 아니라 '어떻게 할 것인가'까지 세부적으로 기술된 명령을 하급부대에 하달한다.

그러나, 최근에 경험한 아프칸전과 이라크전은 통제형 지휘에서 가정하는 것과는 달리 아무리 첨단무기와 정보체계를 갖추고 있다 하더라도 '불확실성의 연속'이라는 전장의 본질적인 속성이 여전히 존재한다는 점을 재인식시켜주었다. 최초 계획에서 예상치 못했던 다양한 우발적인 상황들이 발생하였으며, 그 때마다 현장 지휘관의 신속하고 효과적인 대응이 없었다면 커다란 피해를 입었을 것이라고 전하여 지고 있다. 특히 '시간'이라는 변수의 중요성이 강조되고 있는 현대전에서 급변하는 상황에 대한 신속한 대응은 더욱 더 중요한 의미를 갖는다. 임무형 지휘에서는 전장상황에서 현장의 변화를 가장 잘 알고 있는 사람은 바로 현장의 지휘관들이며, 상황에 맞추어 시의적절한 지휘결심을 할 수 있는 사람도 현장의 지휘관들이라고 믿는다. 전장상황의 변화가 빈번할수록 그리고 변화의 속도가 빠를수록 현장에 위치한 지휘관들의 중요도는 그에 비례하여 높아진다. 따라서, 현장 지휘관을 완벽하게 통제하려는 시도보다는 자주적이며 창의적인 행동의 자유를 보장해 주어야 한다. 상급부대가 중간제대를 거치지 않고 말단 하위부대를 직접 관여하여 소위 헬리콥터 신드롬과 같은 중첩지휘 또는 과잉지휘감독 현상이 발생하게 해서는 안된다.

상황주도 정신과 모험 감수 정신

전장에서 강조되는 집중의 원칙이나 신속한 대응조치 등은 궁극적으로 전장의 주도권을 쟁취하기 위한 것이다. 임무형 지휘에서 복종의 자유를 허용하고 권한을 위임하는 정신은 곧 전장의 주도권을 확보하기 위한 것과 상통한다. 전장에서 나타나는 수많은 호기가 현장지휘관의 즉각적인 활용이 없는 경우 바로 사라진다. 전장의 호기를 능동적으로 포착하여 전개함으로써 상대측을 심리적으로 압도하는 상황주도정신이 곧 임무형 지휘의 기초이다. 임무형 지휘는 모든 장병들로부터 주어진 목표를 달성하겠다는 확고한 의지와 함께 임무의 범위 내에서 독자적이고 창조적인 상황주도 능력을 요구한다.

그런데 상황을 주도하는 데에는 모험이 따르기 마련이다. 왜냐하면 전장에서 모든 위협에 대비할 만큼 충분한 자산이 주어지는 경우가 거의 없기 때문이다. 그러나 모험을 하지 않고서는 전장의 주도권을 확보하기 어려운 경우가 많다. 따라서 모험을 감수하고서라도 전장의 주도권을 확보해야겠다는 굳은 의지가 요구된다.

계산된 실수의 허용을 통해 창의성과 주도성 배양

임무형 지휘는 예하 지휘관들에게 임무수행 과정에서의 행동의 자유를 보장함으로써 예하 지휘관들이 창의적이며 모험적으로 지휘결심을 하여 전장의 주도권을 확보하는 것이다. 그런데 완벽주의나 무결점주의를 지향하면서 한 치의 실수도 허용하지 않는다면 그 누가 모험을 감수하겠는가? 만약에 지휘관이 부하들에게 완전무결한 임무수행을 강조한다면, 그 부하들은 결코 창의적이나 모험적인 시도를 단행하지 않은 채 그저 시키는 것에 대해 무조건적으로 복종하는 태도를 보일 것이다.

실수를 허용한다는 개념은 부하가 실수를 해도 무방하다는 것을 의미하는 것은 아니다. 여기에서 중요한 것은 "계산된 실수"라는 점이다. 계산된 실수란 임무수행과정에서 어느 정도의 실수를 허용하는 것이며, 그 실수의 정도가 임무완수에 결정적인 영향을 미치지 않는다는 전제가 허용된 경우이다. 만약 실수로 인하여 임무수행자체가 불가능해지거나 실패할 가능성이 크다고 판단될 경우에는 즉각적인 조치가 주어져야 한다.

업무의 경중이 있듯이 반드시 달성해야 하는 분야에 대해서는 전 조직의 역량이 무결점을 지향해야만 한다. 예를 들어 낙하산 포장과 같은 경우 생명과 직결되는 일이기 때문에 단 1%의 오차도 허용하지 않는 노력을 해야 한다. 즉 부하의 창의적인 모험정신과 자주성을 배양하기 위한 관용의 범위와 수준은 성공적인 임무수행을 전제로 해야 한다.

임무형 지휘에서 실수를 허용하는 궁극적인 목적은 실수가 허용되는 자유공간을 통하여 부하들이 자율적이며 창의적으로 자신들의 능력을 발휘하도록 유도하는 것이다. 이를 위해서는 상급지휘관들의 부하의 실수에 대한 관용과 기다림이 요구되며, 부하 스스로 책임감을 갖고서 최선을 다하여 임무를 수행하는 것에 대한 믿음이 절실히 요구되어 진다.

개념의 통일, 시행의 자유

임무형 지휘를 잘못 이해하여 '자율적인 개념과 획일화된 시행'으로 생각해서는 안된다. 지휘관들이 공통된 전술관이나 개념을 갖고 있지 않으면, 부대별로 지휘관에 따라 각기 다른 전술개념들이 강조된다. 이 경우 지휘관이 바뀔 때마다 다른 전술개념이 강조됨으로써 지휘 중점이 변화되는 혼돈상황이 반복된다. 또한 개념이 자유로울 경우, 시행상의 융통성 부여는 독단과 방종을 초래할 수 있다고 생각되어 오히려 결과적으로는 강력한 통제를 선호하게 만든다.

임무형 지휘는 개념의 통일에 기초한 시행의 자유화를 지향한다. 임무형 지휘는 상관의 명확한 의도를 전제로 하며 시행상의 호기를 즉각적이고 주도적으로 과감하게 이용하게 하는 것이 특징이다. 그렇다고 해서 임무형 지휘가 예하 지휘관에게 개념적이고 포괄적인 지시만을 하달하는 것으로 이해하는 것은 잘못된 것이다. 임무형 지휘는 오히려 상급지휘관으로 하여금 구체적이고 명확한 의도제시를 요구하며, 예하 지휘관들이 제시된 상급자의 의도범위 내에서 자율적으로 시행할 것을 요구한다. 따라서 임무형 지휘의 주된 특징은 한마디로 '통일된 개념과 자율적인 시행'이다.

임파워링(Empowering)

임무형 지휘를 하급자에게 권한을 위임(delegation)하는 것으로 이해하는 사람들이 있다. 이들은 임무형 지휘를 상급자가 하급자에게 임무를 주고 나머지 모든 것에 대한 결정권은 하급자에게 위임하는 것으로 이해한다. 그러나 이러한 생각은 틀린 것이다. 임무형 지휘는 부하의 역량을 조직 전체차원에서 증대시키는 일종의 임파워먼트(empowerment)이다. 즉 임무형 지휘는 부하의 파워를 창조하고 증대시키고 확산시키는 것이다. 이를 위해 권한위임의 방식이 활용될 수는 있다. 그러나 임무형 지휘는 권한위임 그 이상의 의미를 갖는다.

임무형 지휘는 어느 한 개인의 변화만으로 정착될 수 없으며 조직 전체적인 변화를 통하여 가능하다. 임무형 지휘가 제대로 근착되기 위해서는 개인의 능력과 사고, 구성원간의 관계, 조직의 구조와 제도가 함께 변화하여야 한다. 이들 중 어느 하나에만 치중하여 변화를 시도하는 경우 임무형 지휘는 성공적으로 정착될 수 없다. 즉 개인차원에서는 개인의 자기 신뢰감을 증진시키고 자율적이며 창의적인 임무수행을 위한 역량을 증대시켜야 하며, 집단차원에서는 상하간의 자유로운 의사소통과 상호신뢰에 바탕을 둔 관계형성이 이루어져야 하며, 조직차원에서는 지휘기구, 지휘수단, 지휘절차 등에서 변화가 이루어져야 한다.

6.2 임무형 지휘 전제조건

임무형 지휘는 구성원 전체가 추구해야 하는 지휘개념이다. 그렇지만 임무형 지휘가 성공적으로 근착되고 작동되어 성과를 나타내기 위해서는 의식적인 차원에서의 변화뿐만 아니라, 교육체계와 방법, 교리 및 제도, 리더십 등 전체적인 변화가 이루어져야 한다. 다음에서는 임무형 지휘가 원활하게 구현되기 위해 충족되어져야 하는 기본적인 전제조건에 대해 알아보고자 한다.

업무수행의 전문성 구비

임무형 지휘는 지휘관들이 해당 직책에 상응하는 전문지식을 보유하고 있을 때 제대로 작동될 수 있다. 임무형 지휘는 현장의 지휘관이 상급 지휘관의 의도범위 내에서 주도적으로 행동하는 것을 요구하는데, 만약 현장의 지휘관들이 훈련되지 않고 자신의 업무분야에서 일정한 수준에 도달되지 않은 경우 큰 혼란에 빠지게 된다. 임무형 지휘의 핵심은 임무수행자의 주도성과 창의성인데, 이들은 전문성에 기초하여 발휘될 수 있다.

업무수행의 전문성은 스스로 부단히 노력하여 쌓아가야 할 과제이나, 동시에 지휘관들의 책임이다. 지휘관들은 자신의 예하 지휘관들의 역량 개발을 위해 끊임없이 판단하고 지도해야 한다. 예기치 않은 상황에 대하여 주도적으로 신속하게 대응하기 위해서는 평상시에도 다양한 상황에 대한 모의훈련을 통하여 직무역량을 개발시켜나가야 하며, 해당 직책에 상응하는 전문지식을 함양하고 지도능력을 배양시켜나가야 한다. 업무수행의 전문성은 지휘관들에게 자신감을 갖게 해주며, 위급한 상황에서도 자발적이며 창의적인 활동을 주도적으로 추진해 나갈 수 있게 해준다.

공통의 전술관 및 군사지식의 공유

임무형 지휘는 예하 지휘관들로 하여금 자기 마음대로 행동하도록 방임하는 것이 아니라, 상급 지휘관의 의도범위 내에서 재량권을 행사하는 것으로 상·하급제대 지휘관간에 공통된 전술관이 형성되어 있어야 하며 군사지식의 공유가 전제되어야 한다. 아울러 상급자는 하급자가 어떤 식으로 임무를 수행해 나갈 것인가를 알아야 한다.

이를 위해서 각급 지휘관이 위로는 1단계 상급제대 지휘관뿐만 아니라 2단계 상급제대 지휘관과도 공통된 전술적 공감대를 형성해야 하며, 아래로는 1·2단계 하급제대 지휘관들이 자신과 동일한 전술관을 공유하도록 지도할 수 있어야 한다. 초급지휘관(자)들은 최소한 대대급 단위의 전술개념을 갖추고 있어야 한다.

공통된 전술관과 군사지식의 공유는 학교교육을 통해서만 이루어질 수 없다. 학교교육에서는 수평관계의 동료들이 역할을 분담하여 전술훈련을 하게 되지만 실제적인 상황에서는 동료가 아닌 상, 하급자들과 함께 일해야 한다. 따라서 야전 부대에서는 사판훈련, 도상연습, 현지전술토의 등의 간부교육을 통하여 장교는 물론 부사관들로 하여금 학교교육에서는 다룰 수 없는 상급제대와 연관된 문제들을 인식하고, 또 이를 직속상관과 공동으로 작업하여 해결토록 해야 한다.

군사적인 능력을 배양한다는 것은 교범을 탐독한 다음 전술상황조치에 이를 적용하는 것만으로는 이루어질 수 없다. 더욱 중요한 것은 교리들을 실질적으로 소화시켜 적용할 수 있어야 한다.

상·하급자 간의 상호신뢰 유지

임무형 지휘가 원활하게 이루어지기 위해서는 상하 간의 수직적인 신뢰를 바탕으로 한 유대관계가 매우 중요하다. 임무형 지휘에서는 동급제대에서의 응집력과 상호관계는 그렇게 문제시 되지 않는다. 임무형 지휘는 상급자가 하급자를 신뢰하고 마찬가지로 하급자가 상급자를 신뢰하는 상·하 수직적인 신뢰관계가 더 중요하다. 상·하급자간의 수직적 신뢰는 모든 성공의 조건이자 위기와 위험에 빠졌을 때 일치단결할 수 있는 기본 바탕이다.

신뢰는 능력에 대한 신뢰와 인간적인 신뢰를 포함하며, 신뢰는 위에서 아래로의 신뢰, 혹은 아래에서 위로의 신뢰와 같이 일방향적인 신뢰가 아니라, 쌍방향적인 신뢰를 의미한다. 여기에서 능력에 대한 신뢰는 한편으로는 부하의 임무수행 능력과 결과에 대한 상관의 신뢰를 말하며, 다른 한편으로는 상관의 전술적 능력을 포함한 전문적인 직책수행능력에 대한 부하들의 신뢰를 말한다. 인간적인 신뢰란 상관과 부하의 가치와 품성, 그리고 신념에 찬 믿음에 기초한다. 어려운 상황에서도 내 부하는 틀림없이 임무완수를 위해 최선을 다할 것이라는 믿음, 상관과의 통신이 두절된 상황에서도 상관이 내 부대를 위해 필요한 조치를 취하고 있으리라는 신뢰는 상관과 부하의 친밀한 인간적 관계에서 비롯된다.

신뢰는 상급자가 업무에 정통하고 공명정대하고 참을성이 있으며 자신의 부대와 부하의 복지에 관심을 갖고 진실되고 성실하게 노력할 때 얻어질 수 있다. 상급자가 직책을 이용하여 업무상 개인적인 안일함이나 사적인 욕심을 추구할 경우 부하들의 신뢰는 무너진다. 신뢰형성을 위해 지휘관들은 솔직해야 하며, 부대의 문제점들을 정확하고 비판적으로 보고하면서도 부하들을 존중하는 자세를 갖추어야 한다. 부하의 자존심을 상하게 하지 말고 자신감을 갖도록 해야 한다. 신뢰는 하룻밤 사이에 조성되는 것이 아니며, 상대를 알기 까지 시간이 필요하다.

위기상황에서 신뢰는 진두지휘를 통하여 강화된다. 말단 병사들의 의식 속에는 위험한 상황에서 자신들의 지휘관들이 진두지휘해 줄 것을 기대한다. 이러한 기대에 어긋날 경우 근본적인 신뢰는 사라지게 된다. 또한 진전한 신뢰는 복종심과 상호보완됨으로써 진정한 가치를 갖는다. 즉 많은 희생과 노력을 요구하는 명령에도 기꺼이 복종할 수 있어야 한다.

상 · 하급자간 자유로운 의사소통

상 · 하급자간의 자유로운 의사소통은 상호신뢰를 강화시켜주며 하급자가 상급자의 의도를 명확하게 파악하여 공통의 전술관을 견지하도록 도와준다. 아울러 상 · 하급자간의 자유로운 의사소통은 부하로 하여금 내면적 복종을 통해 상관에 대해 존경심을 갖게 하고, 부하 스스로가 상관의 입장에서 생각하고 행동하게 할 뿐만 아니라 상관의 의도를 자발적으로 구현하려는 동기를 부여해 준다.

상 · 하급자간의 자유로운 의사소통을 위해 가장 우선적으로 요구되는 것은 상호 존중과 배려이다. 자유로운 토의를 통하여 상호간의 의사전달이 명확하게 이루어지고 임무에 대한 정확한 이해와 판단이 이루어져야 한다. 그러나 지휘관이 권위적이고 일방향적인 지시일변도의 태도를 취할 경우 상급자의 의도와 결심사항에 대한 부하들의 올바른 이해가 어려울 뿐만 아니라, 지휘관 스스로도 부하들의 임무수행여건에 대해 정확하게 이해할 수 없게 된다. 활발한 의견제시를 장려하고 제시된 의견을 가급적 존중하며 상대를 배려하는 여건에서 자유로운 소통이 이루어질 수 있다. 자유로운 소통은 반드시 지휘관만의 몫은 아니다. 하급자들 또한 자신의 일에 대한 열정과 책임의식을 견지하여 자발적으로 상급자와의 소통을 위해 노력해야 한다.

철저한 책임의식과 책임의 한계설정

임무형 지휘에서는 모든 군인들이 임무완수에 대한 굳건한 의지와 더불어 주어진 임무 내에서 책임지는 것을 두려워하지 않는 정신적 준비 태세의 구비를 요구한다. 기꺼이 책임을 지겠다는 태도는 지휘관이 갖추어야 할 최고의 구비조건이다. 그러나 스스로 책임을 지겠다는 태도는 전체국면을 통찰하지 않고 스스로의 판단에만 의존하여 결심을 수립할 수 있다거나, 기존의 명령을 수행하지 않아도 되는 것으로 이해되어서는 안된다.

책임은 위임될 수 없다. 지휘관은 자신의 결심에 대해서 뿐만 아니라 예하부대 지휘관의 결심에 대해서도 책임을 진다. 즉, 임무수행 방법을 위임하되 그 결과에 대해서 책임을 진다는 것이다. 그렇다고 해서 상급 지휘관의 지휘권 행사가 예하대의 임수수행을 간섭해서는 안된다. 하급 제대에 대한 불필요한 간섭은 하급지휘관의 창의성과 책임의식을 약화시키기 때문이다. 즉 상급자들은 세부적인 사항까지 명령하지 않을 의무를 갖는다

책임을 공유할 수 없다고 해서 무한대의 책임을 요구하는 것은 아니다. 군 구조의 특성상 특정 제대의 지휘관은 가장 말단 제대까지 책임을 져야한다고 인식하는 것이 일반적이며, 지휘관 스스로도 그렇게 각오하는 경우가 대부분이다. 그러나 임무형 지휘가 원활하게 이루어지기 위해서는 위계질서상 하급자와 상급자가 책임을 져야 할 한계를 규정으로 설정해 놓아야 한다. 한계 설정이 명확하지 않으면 자연스럽게 모든 제대에 대해 책임을 져야 하는 상황이 지속된다. 말단 소대의 병사가 잘못한 사항에 대하여 군사령관이 책임을 지는 것은 아니다.

예를 들어서 검열, 평가 측정 등 예하부대를 대상으로 하는 상급부대의 활동은 2단계 하급제대로 한정해야 한다. 즉 사단에서 검열시는 대대급까지 한정되어야 한다. 사단에서 대대장의 전투력을 평가할 때는 대대장과 대대 참모의 전투지휘능력을 검증하고 지도하는 것이 중요하며, 중대급 이하의 전투수행방법에 대해서는 연대장에게 일임해야 한다.

제7장

임무형 지휘의 적용

7.1 적용 개념 및 가능성 판단

적용 개념

임무형 지휘를 적용하는 궁극적인 목적은 전투시와 같이 위급한 상황에서 현장지휘관이 주도적이고 창의적으로 임무를 수행할 수 있도록 평상시에 임무형 지휘능력을 개발하는 것이다(〈표 7.1〉 참조). 임무형 지휘는 단기간의 노력이나 지휘관의 일회적인 관심에 의해 정립되는 것

〈표 7.1〉 통제형 지휘와 임무형 지휘의 전·평시 비교

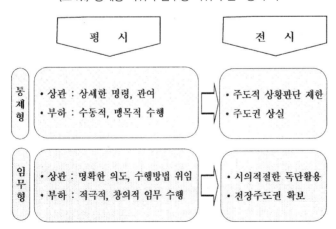

이 아니라 장기간에 걸친 계획적이고 의도적인 노력에 의해 형성될 수 있다. 아울러 임무형 지휘는 전술적 상황뿐만 아니라 병영생활 전반에 거쳐 적용가능한 개념이다.

평상시 부대활동에서 상급제대 지휘관의 상세한 지시에 의거 피동적이고 맹목적으로 운용되는 부대나 지휘관은 전시 혹은 유사시에도 최초 계획과 달리 전혀 새로운 상황이 전개되었을 때 신속하게 결심을 내리지 못하고 상급제대의 지시를 기다리다 전장의 주도권을 상실하여 패전하는 결과를 초래할 수 있다

반면 평상시 부대지휘에서 하급제대 지휘관으로 하여금 최선을 다하는 책임의식을 견지시키고, 주어진 범위 내에서 행동의 자유를 적극적이며 창의적으로 구사하도록 습성화된 부대나 지휘관은 전시 혹은 유사시에 시의적절한 지휘결심을 통하여 전장의 주도권을 확보할 수 있다. 따라서 임무형 지휘를 평시 부대활동 간에 적용가능한 모든 분야에서 적극 실천하고, 이를 습성화해야 한다.

적용가능성 판단

임무형 지휘는 모든 제대 지휘관들이 숙지해야 할 '지휘개념'이면서도, 용어 자체가 의미하듯이 임무를 통한 '지휘방식'이다. 이는 곧 임무형 지휘가 모든 상황에서 효과적인 대안이 될 수 없으며, 임무형 지휘를 적용하는 데에 제한되는 상황이 있음을 의미한다. 따라서 각 제대 지휘관들이 임무형 지휘를 부대활동에 적용하고자 할 때는 반드시 적용가능성 여부와 효과성을 고려하여야 한다.

임무형 지휘의 적용여부를 판단하는 과정은 〈표 7.2〉에 제시된 바와 같이 먼저 임무에 대한 분석이 이루어져야 하며, 다음으로 임무수행을 위한 전제조건들에 대한 판단이 이루어져야 한다. 전제조건들에 대한 판단에서 조건들이 모두 충족된 경우 임무형 지휘를 시행하지만 불충분한 경우 이를 보완하여 시행하는 것이 권장된다.

〈표 7.2〉 임무형 지휘 적용여부 판단 절차

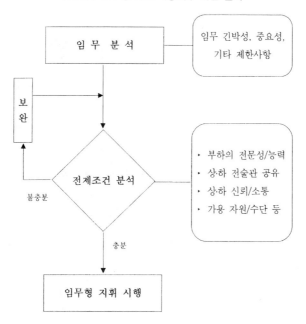

　임무형 지휘의 적용여부에 대한 판단에서 가장 먼저 고려되어야 할 점은 상급부대가 요구하는 임무에 대한 분석이다. 임무분석에서는 임무의 긴박성과 중요성 그리고 제한사항 등이 중점적으로 고려되어야 한다. 임무수행의 실수가 상급부대의 운영에 결정적인 피해를 초래할 경우와 다른 협조 및 지원부대와의 정확한 시간적 일치가 요구되는 경우에는 임무형 지휘의 적용여부에 신중을 기해야 한다.

　다음으로 고려해야 할 사항은 임무형 지휘의 전제조건에 대한 분석이다. 부하들이 해당 업무분야에 대한 전문지식이나 능력을 구비하고 있는지, 상·하급 부대 지휘관들이 공통된 전술적 운영 개념을 갖추고 있는지, 상·하 신뢰가 유지되어 있는지 등이 고려되어야 하며, 적용시 제한사항이나 예상되는 문제에 대한 분석이 이루어져야 한다.

　그러나 전제조건이 모두 갖추어져야 만이 임무형 지휘를 적용할 수 있는 것은 아니다. 앞서 명시한 전제조건은 임무형 지휘가 가장 효과적으로 발휘되기 위한 전제조건이며, 다소 부족한 여건이라 하더라도 평상시에 꾸준하게 임무를 통한 지휘를 적용하고자 노력함으로써 점차적으로 목표수준에 도달할 수 있다.

임무형 지휘의 성공적인 구현을 위해서 전제되어야 하는 중요한 요인들 중 하나는 예하 지휘관들의 직무수행능력 내지는 업무에 대한 전문성이다. 만약 예하지휘관들의 직무수행능력이 미흡한 경우, 독단적인 행동은 혼란만을 초래하게 된다. 〈표 7.3〉에 예시한 바와 같이 예하지휘관이 상급지휘관의 전술관을 공유하지 못한 경우 이에 대한 적절한

〈표 7.3〉 임무형 지휘 적용가능성 판단 사례

연대장 → 대대장
• 진단 분야 : 상 · 하간에 동일한 전술관 공유
• 요망 수준
- 해당 제대 전술지식 / 응용능력
- 1, 2단계 상급지휘관의 전술관 이해
• 진단 방법(GOP대대장: 전입 3개월, 전방근무 경험 부족, 육대수료)
- 대대장 복무계획 확인
- 연대 / 사단 작전계획 및 예규 이해정도 확인
- 대대장의 현 근무상태 / 대대 지휘소 훈련 상태 확인
• 진단 결과
- 대대 전술지식 보유, GOP 근무 미숙
- 연대 작전계획은 숙지하고 있으나, 사단장 작전의도 이해 미흡
- 지형 및 부대예규 미숙지로 의사소통 부분적 제한
• 적용 가능성 판단
- 지도/보완후 적용 가능
• 지도 / 보완 소요
- GOP 근무 규정 및 절차 숙지
- 사단 작전계획, 부대예규, 지형 숙지

지도 보완 활동이 이루어져야 한다.

임무형 지휘는 하급제대 지휘관에게 목표만 제시하고 수단을 제공하지 않는 책임전가 수단이 아니다. 임무형 지휘를 잘 못 이해하여 임무형 지휘는 하급 제대 지휘관에게 임무를 부여하는 것이며 수단과 방법은 임무를 수령하는 부하가 알아서 선택하는 것이라고 생각하는 지휘관들이 있다면 이것은 잘못된 것이다. 임무형 지휘를 적용하고자 할 때는 반드시 수단에 대한 지원이 있어야 하며, 미흡한 경우 임무를 하달하는 제대에 의해 보완이 이루어져야 한다.

7.2 적용 절차 및 적용 분야

적용 절차

임무형 지휘를 적용하는 절차는 기존의 부대지휘절차 및 전술적 결심수립절차를 준용하는 과정 속에서 이루어지진다. 따라서 지휘관은 자신의 의도를 명확하게 제시하면서 임무를 부여해야 하며, 부하는 이를 기초로 임무브리핑을 실시하고, 시행과정에서 지휘관은 여건을 보장하며 부하는 창의적으로 임무를 수행한다. 또한 사후검토를 통하여 임무수행 결과를 분석 보완하며, 지휘관은 이러한 과정에서 부하의 활동을 지도한다. 이와 같은 적용절차를 도식화 하면 〈표 7.4〉와 같다.

지휘관 의도는 자신의 임무수행을 위한 구상이다. 여기에는 차상급 지휘관의 의도에 기초하여 자신의 임무, 임무수행 목적, 임무수행 개념, 임무수행 후 도달하여야 할 요망수준 등이 포함된다. 임무는 부하 및 예하부대가 수행할 주요 과업으로 6하 원칙에 의거 부여하되, 해당부대의 임무수행에 관련된 정보, 필요한 자원 및 수단의 할당, 위험요소 및 제한사항, 임무수행에 중요하다고 생각되는 사항 등을 고려하여 부여한다.

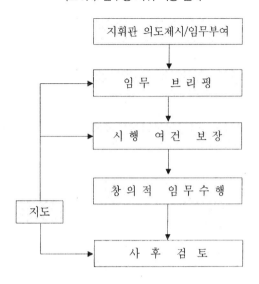

지휘관은 자신의 의도와 수행할 임무에 대한 이해 여부를 임무브리핑 과정에서 확인한다. 부하는 지휘관 의도와 자신의 수행할 임무를 명확히 이해하고, 이를 기초로 임무수행 방법을 구체화하여 임무브리핑을 습성화하고 지휘관의 의도에 부합하는지 확인한다.

지휘관은 부하가 임무 브리핑 과정에서 제시된 의견 또는 추가적인 지원 요청 사항에 대하여 적시 적절한 조치와 지원을 해야 하며, 지휘관은 부하의 창의적인 임무 수행을 위하여 간섭 및 통제를 최소화 해야 한다. 부하 또한 창의적인 임무수행 방법을 모색하고, 상황변화에 따라 지휘관 의도에 부합되게 임무수행 방법을 수정 및 보완하여 시행한다.

사후검토는 지휘관과 부하간의 자유스러운 대화 또는 토의식으로 진행하고, 결과는 차후 임무수행시 반영한다. 지휘관은 임무수행 결과에 집착하여 실패 및 잘못을 질책하기 보다는 관용과 인내로써 격려하고, 부하가 실패 및 결함의 원인을 스스로 인식하여 자신의 능력계발을 촉진할 수 있도록 유도해야 한다. 또한 부하의 능력을 고려하여 점진적으로 지도하고 자신의 경험을 전수해야 하며, 부하지도 및 여건 조성 소요를 도출하여 보완 및 발전 대책을 강구한다. 부하는 '보다 창의적인 임무수행 방법은 없는지?' 또는 '발생된 문제와 결함의 원인과 교훈은 무엇인지?' 스스로 반문하여 자신의 능력계발에 주안을 두고 보완 및 발전 대책을 강구한다.

지휘관은 임무브리핑으로부터 사후검토에 이르는 전 과정에서 부하의 자율성, 창의성, 모험심의 발휘를 저해하지 않는 범위 내에서 간섭과 통제를 최소화하되 급격한 상황변화로 인한 중대한 과오와 위험요소 발생 우려 시에는 적시 적절한 통제 대책을 강구해야 한다. 지휘관은 임무브리핑 시, 작전의 의도 이해 여부와 부하가 임무 수행에 관련된 제한사항 및 위험요소 숙지여부에 중점을 두고 지도하며, 임무수행 간에는 부하의 입장에서 관찰하고 지도하되 보고준비 등으로 임무수행을 저해하거나 부담을 주는 지도방법은 지양해야 한다.

적용 분야

임무형 지휘는 시시각각 변하는 상황에도 불구하고 하급자가 명령자의 의도 범위 내에서 폭넓은 행동의 자유를 갖고 능동적이며 창의적으로 임무를 수행하는 지휘방식이다. 이 지휘방식의 궁극적인 목적은 전시 혹은 유사시에 각 급 제대 지휘관으로 하여금 상시적으로 전장의 주도권을 확보하게 하는 것이며, 평시에는 부여된 임무를 효율적으로 달성하게 하는 것이다. 이를 위해 임무형 지휘는 그 적용 분야를 전술분야에 한정하지 않고 전·평시에 이루어지는 모든 부대활동으로 확대하여 적용한다.

부대활동은 크게 나누어 '전투준비 및 수행', '교육훈련', '부대관리'로 구분되는데, 각 분야별로 임무형 지휘가 어떻게 적용되어야 하는가의 문제는 앞에서 제시한 임무형 지휘의 개념과 일반적인 적용절차를 원칙으로 하되 상황에 따라 융통성 있게 풀어나가야 한다. 각 분야별로 임무형 지휘 개념이 우선적으로 적용되어야 할 세부 분야들을 정리하면 다음과 같다.

전투준비 및 수행

지휘 및 참모활동에서 핵심적인 활동은 부대지휘절차로서 이는 지휘관으로 하여금 적시 적절한 결심을 수립하게 하고 효과적으로 명령을 하달할 수 있도록 도와주는 과정도식이다. 일반적으로 부대지휘절차는 임무 및 상황, 결심수립, 계획 및 명령 작성과 하달, 감독으로 이루어진다.

부대지휘절차에 임무형 지휘 개념을 적용할 때 가장 중요한 것은 임무를 명확하게 분석하는 일이며, 이를 위해 상급지휘관의 작전의도를 명확하게 제시하는 것이다. 지휘관의 의도는 작전목적을 달성하기 위해 지휘관 자신이 요망하는 '최종상태(작전목표)'와 예하부대 운용개념에 대한 '윤곽'을 제시하는 내용으로 예하 지휘관에게는 작전수행의 목적(이유)을 제시해 준다.

한편 작전개념은 '지휘관 의도'에 제시된 운용개념의 '윤곽'을 기초로 하여 보다 구체화된 예하부대 운용개념을 제시한다. 지휘관의 의도는 다음의 세 가지 기준에 의거하여 작성된다. 하나는 2단계 차상급 지휘관까지 포함된 형식을 취하는 것이며, 다른 하나는 작전개념과 구분되어 명시되는 것이며, 나머지 하나는 짧고 명확하게 표현되어져야 한다는 것이다.

부대지휘절차에서 결심수립 또한 임무형 지휘방식에서 매우 중요하다. 불확실성의 지배를 받는 전장상황에서는 적 상황에 대한 정보뿐만 아니라 아군의 상황에 대한 정보도 제한될 수 있다. 이러한 상황에서 적시적이고 주도적인 결심수립은 전투의 승패를 좌우하는 결정적 요인이다. 따라서 평시의 전투준비 과정에서 상황변화에 따라 자발적이며 적극적으로 그리고 경우에 따라서는 모험적으로 결심을 수립하여 전장의 주도권을 확보하는 것이 권장되어야 한다.

독단활용 능력 배양

임무형 지휘의 궁극적인 목적은 사실상 각 급 제대 지휘관들로 하여금 성공적인 결과가 예측되는 독단활용 능력을 배양하는 것이라고 말할 수 있다.

전시 혹은 유사시에는 최초 명령이 하달된 상황과 전혀 다른 상황 속에 놓일 수 있으며, 명령을 하달한 상급자와의 접촉이 불가하거나 즉각 접촉할 수 없으며, 당장 지휘결심을 내려야 하는 경우가 많이 발생한다. 이러한 상황에서 지휘관은 독단적으로 지휘결심을 수립해야 하는 경우가 많다. 이와 같이 독단활용이 요구되는 상황에서 상급 지휘관의 작전의도를 명찰하고 전장의 주도권을 확보할 수 있는 방책 수립은 매우 중요하다.

유사시에 독단활용이 성공적으로 작동되기 위해서는 평시의 교육훈련과정에서 독단활용을 경험토록 하는 것이 중요하다. 이를 위해서는 상급지휘관이 예하지휘관의 전투지휘 여건을 보장하고 임무달성을 위한 적절한 수단과 자원을 제공하되 예하 지휘관에게 재량권을 최대한 위임하며 세부적인 간섭을 배제해야 한다. 아울러 하급 지휘관으로 하여금 창의적인 전투수행 방법과 전투수단을 강구하고, 예상치 못한 긴급 상황이 발생할 경우 주도적인 결단과 조치를 취할 수 있도록 요구해야 한다.

교육 훈련

임무형 지휘 개념을 교육 · 훈련에 적용한다는 것은 임무형 지휘의 핵심목표, 즉 임무를 부여받은 지휘관으로 하여금 상급 지휘관의 의도범위 내에서 행동의 자유를 통하여 전장의 주도권을 확보할 수 있는 역량 배양을 추구하는 것이다. 따라서 어떤 유형의 교육과 훈련을 실시하더라도 항상 앞에서 설명한 임무형 지휘의 적용절차에 입각하여 실시하도록 노력해야 한다. 즉, 지휘관이 임무를 부여하고 부하는 임무수행 계획을 보고하며 자발적인 임무수행 이후 사후검토를 통하여 보완소요를 도출해 나가는 과정을 반복하는 것이다.

교육 훈련 분야에서 임무형 지휘 개념을 적용할 수 있는 가장 대표적인 대상은 부대훈련이다. 부대훈련시 실전상황에 부합되는 상황을 구성하고 임무를 부여하되 임무수령자의 주도적이며 창의적인 판단 및 행동화 역량이 배양될 수 있도록 여건을 조성해 주는 것이다.

학교교육에서도 상황위주의 토의식 교육을 활성화시키고, 전술원칙에 입각한 모범답안이 아니더라도 논리적이고 체계적인 창의적 '안'을 높이 평가해주는 분위기와 제도가 요구된다.

부대훈련과 학교교육에서 운영되는 평가제도의 성격 또한 임무형 지휘의 활성화에 영향을 준다. 따라서 학교교육은 원리원칙을 실전에 응용할 수 있는 능력위주로 평가하고, 부대훈련은 창의적 상황조치 능력에 대한 행동 위주로 평가를 해야 한다.

아울러 임무형 지휘의 성공적인 적용과 효과는 예하 지휘관들의 임무완수에 대한 단호한 의지와 전술전기 역량이 어느 정도이냐에 따라 결정적인 영향을 받는다. 따라서 정신교육을 통하여 자발적인 복종심과 투철한 책임의식이 고취되도록 해야 하며, 다양한 간부교육 프로그램을 통하여 지속적인 학습활동이 이루어지도록 해야 한다.

부대관리

임무형 지휘는 오로지 전술상황을 통하여 구현될 수 있다는 것은 잘못된 생각이다. 임무형 지휘는 부대관리 활동을 통하여서도 생활화하며 습성화해야 한다. 부대관리에 임무형 지휘를 적용한다는 것은 곧 상급 지휘관의 의도하에 주어진 본연의 임무를 충실히 수행함은 물론 최대한 창의적인 수행을 통하여 업무의 효과를 극대화하는 것이다.

부대관리에서도 상급지휘관은 자신의 의도를 명확히 제시하고, 부하의 임무수행 계획보고를 통해 지휘관 의도의 이해 여부와 수명상태 및 임무수행 의지를 확인하여야 한다. 아울러 부하로 하여금 책임감과 주도성을 갖고서 창의적으로 임무를 완수토록 자극시켜 주어야 한다.

상급제대에서 하급제대를 지도하고 감독하는 활동 위주의 업무방식에서 탈피하여 모든 부대활동을 규정과 지시 범위 내에서 자율적, 창의적으로 수행할 수 있도록 각종 규정과 지시를 정비할 필요가 있다. 아울러 상급부대의 지시 및 통제를 최소화하고 사업계획 위주로 부대가 운영되도록 한다. 또한 최종상태 뿐만 아니라 과정과 절차를 중시하는 문화를 형성한다.

임무형 지휘가 제대로 발휘될 수 없는 원인들 중 하나는 임무형 지휘를 발휘할 수 있는 시간적 여건이 허용되지 않는다는 것이다. 따라서, 예하부대의 가용시간을 최대한 보장하고 단기업적 및 전시효과 위주의 업무를 지양함으로써 임무형 지휘를 발휘할 수 있는 여건을 조성해 주어야 한다.

임무형 지휘 적용시 유의사항

임무형 지휘가 활성화되어 성공적으로 정착되기 위해서는 임무형 지휘에 대한 올바른 이해가 선행되어야 한다. 과거에 임무형 지휘의 정착이 제대로 이루어지지 않았던 원인에는 여러 가지가 있겠으나 임무형 지휘에 대한 잘못된 인식 또한 그 중의 하나이다. 따라서 이곳에서는 임무형 지휘를 적용할 때 유의해야 할 사항에 대해 알아보도록 한다.

임무 부여자

통상적으로 임무형 지휘는 상급지휘관이 포괄적 지시만 하달함으로써 하급지휘관들에게 융통성을 부여하는 것이라고 알고 있는 경우가 많으나 이는 잘못된 인식이다. 임무형 지휘에서는 오히려 의도와 임무를 명확하게 제시하는 것을 강조한다. 그래야만이 임무수령자가 구사하는 행동의 자유가 상급지휘관의 의도범위 내에서 이루어질 수 있다.

임무형 지휘를 구사한다고 하면서 부하에게 임무만 부여하고 나머지는 부하가 알아서 하라는 식으로 방임하거나, 자신의 무능을 은폐하기 위하여 부하에게 책임을 전가하고 부담을 주는 방식으로 임무형 지휘가 오용되어서는 안된다. 임무형 지휘에서는 명확한 임무부여와 함께 임무수행에 요구되는 수단과 방법에 대한 구체적인 내용이 요구된다. 아울러 임무형 지휘에서 중요하게 강조되는 부분이 상, 하급자 모두의 책임의식이다.

임무 수령자

임무수령자의 입장에서도 임무형 지휘를 잘 못 이해하는 경우가 있다. 임무형 지휘를 부하가 자신이 알아서 부대를 지휘하는 개념으로 잘 못 인식하여 상급지휘관의 의도를 자의적으로 해석하거나 자신의 창의성을 과신하는 것을 경계해야 한다. 임무형 지휘는 어디까지나 상급자의 의도 범위 내에서 행동의 자유를 갖는 것이다.

상황 고려

임무형 지휘가 항상 최선의 대안은 아니다. 임무형 지휘를 적용시에는 부하의 능력, 과업의 특성, 상황여건 등을 고려하여 적용 가능성 여부를 판단 후 시행하여야 한다. 예로서 작전지역이 넓고 적의 저항이 약할 때 임무형 지휘는 제약을 받지 않으나, 적의 저항이 강하고 행동의 자유가 극히 제한될 때는 임무형 지휘보다는 명령형 지휘가 더 성공적일 수 있다. 독일의 군사연구실에서도 임무형 지휘가 방어전투보다는 원칙적으로 공격과 지연전과 같은 기동전에 더 효과적인 개념이라고 평가하고 있다. 그러나 통합성을 유지해야 하거나 정치적인 외적인 요구에 의해 행동의 자유가 제한될 때, 그리고 특수한 상황에서는 임무형 지휘보다 상세형 지휘가 더 우선적일 수 있다.

임무형 지휘의 기대효과

임무형 지휘의 궁극적인 목적은 평시에 부대운영의 효율성과 효과성을 높여주며, 위급한 상황에서 상급부대 지휘관의 지시를 받기 어려운 경우 예하 지휘관들이 상급부대 지휘관의 의도 범위내에서 주도적이며 창의적으로 행동함으로써 전기를 포착하고 전장의 주도권을 확보하는 데에 있다. 임무형지휘는 아울러 부가적으로 다음과 같은 효과를 기대할 수 있다.

첫째, 지휘관 의도 내에서 자율적인 결심수립과 행동의 자유가 허용되는 임무형 지휘는 부하들의 창의적이고 적시적절한 지식과 정보를 상대적으로 잘 활용할 수 있게 함으로써 임무수행의 효과성을 증대시켜준다. 상관에 의해 모든 업무가 일일이 지시되고 부하의 엄격한 복종이 강조되는 통제형 지휘에서는 주도적이며 창의적인 성과의 기대가 어렵다.

둘째, 지휘관이 예하부대에 임무수행방법을 세부적으로 지시하기보다는 자신의 의도를 명확히 제시하되 구체적인 임무수행방법은 과감히 위임함으로써 전시의 급변하는 상황에서 부대와 부하의 창의력 발휘를 극대화 시킬 수 있다.

셋째, 전장에서 전기를 포착하고 주도권을 확보하는 데에 있어서 결정적인 요소들 중 하나는 시간이다. 임무형 지휘는 변화에 대처하여 독단적인 결심을 수립하는 역량을 강화시켜줌으로써 전장에서 결정적인 기회를 효과적으로 활용케 해준다.

넷째, 지휘관이 부하를 믿고, 부하 또한 지휘관을 따를 때 조직이 활성화 되는데 임무형 지휘는 상·하간의 신뢰조성을 바탕으로 이루어지는 지휘개념이기 때문에 부대 화합 및 단결을 도모할 수 있다. 상·하급자간의 강한 신뢰와 높은 단결심은 '자발적인 복종'을 우러나게 하며, 자발적인 복종은 임무수행 의지를 강화시켜 준다.

다섯째, 임무형 지휘는 불확실성이 지배하는 전장에서 즉각적으로 대응하는 현장의 지휘관으로 하여금 항상 상급 지휘관과 공유된 사고 축선을 유지할 수 있게 해 준다.

7.3 연방군의 임무형 지휘 적용 사례

일상 생활

독일군은 임무수행시 임무복창이 생활화되어 있다. 이를 통해 상급자는 하급자의 수명상태를 확인하고, 하급자는 상급자의 의도를 재확인하는 기회를 갖는다. 장교는 물론 병사들도 항상 상급자로부터 부여받은 임무를 분석하고 실행방안을 강구한 다음 '저의 임무는… 이를 효율적으로 수행하기 위하여 저는…를 어떻게 하겠습니다'라고 임무와 수행방법을 복창한 후 업무를 개시한다.

임무를 수행하는 과정에서 특징은 동참형 부대운영이다. '무엇을 해라'가 아닌 '무엇을 하자'식으로 부대를 운영한다. 회의분위기는 참석자 누구나 대화에 동참하여 자기의 의견을 충분히 개진함으로써 종합된 안을 도출해 나가게 한다. 자기의 의견도 충분히 반영되었으므로 목표가 달성될 때까지 일사불란하게 업무가 추진된다.

독일군은 통상 월 1회 실시하는 간부교육을 통하여 상·하간의 공감대를 형성한다. 간부교육의 주제는 국내·외 정세 등 시사문제에서부터 공동으로 수행해야 할 임무, 신 전술 혹은 교리토의 등 다양하다. 간부교육은 항상 토의식으로 진행되기 때문에 한번 실시했던 주제에 대해서는 간부들 간에 어느 정도 공감대가 형성된다. 이러한 끊임없는 대화와 교육을 통하여 서로 간에 공감대가 넓게 형성되어간다.

공동의 전술관 형성을 위한 활동

임무형 지휘는 하급지휘관이 상급지휘관의 지휘의도 범위 내에서 주도적으로 행동의 자유를 구사하는 것이다. 이를 위해서는 하급지휘자가 상급지휘자의 전술개념을 이해할 수 있도록 사전에 역량이 갖추어져야 한다. 독일군은 소대장급의 장교들이 대대장급의 전술개념을 이해할 수 있도록 대대전술을 숙달시킨 다음에 소대장 교육을 실시한다. 즉 숲을 먼저 본 다음 나무를 이해하도록 한다. 소위를 대상으로 한 전술기초 교육에서 병과를 초월한 대대급 이상의 전술지식 교육을 제공하며, 제병협동전투에 대한 감각을 익히게 한다.

1980년에 창설된 육군전술센터는 육군에 대한 동일한 전술관을 교육하여 장교단이 공동의 전술관을 갖는 데에 일조를 한다. 전술센터에서는 육군 통합 전술을 연구하고 전술상황을 개발하며 전술 전문교관을 교육시킨다. 또한 원격 전술교육을 발전시키고 전술교재를 발간하며 미래 전술을 연구한다. 추가적으로는 전술발전 관련 세미나를 개최하고 전쟁사를 연구하며 다국적 전술교육을 지원한다. 후보생과 중대장 및 대대장반 장교들이 전술교육을 받는다.

교리 반영 및 의식화 교육

임무형 지휘를 위해 상급자와 하급자가 견지해야 하는 사고와 행동을 교리화하였다. 독일 육군교범 100/100 『부대지휘』에 임무형 지휘에 관한 사항들을 기술해 왔으며, 2007년에 새로 작성하면서 임무형 지휘의 중요성을 고려하여 임무형 지휘와 관련된 내용을 별도의 장으로 독립시켰으며, 내용 또한 기존의 3개 항에서 15개 항으로 대폭 확대하였다.

아울러 지속적인 교육을 통하여 상급자와 하급자들의 책임감과 의무감을 고취시키고 있다. 책임은 분리될 수 없으며, 책임을 위임한다는 것은 논리에 맞지 않다고 보며, 하급자들은 자신의 업무분야에 대한 책임의식을 견지해야 한다는 것을 강조한다. 상급자는 하급자가 복종할 수 있도록 자신의 지휘의도를 명확하게 표현해야 하며, 세부적인 사항까지 명령하지 않을 의무를 지고 있다고 명시한다. 상급자는 하급제대 지휘관들에게 임무수행 범위 내에서의 행동의 자유를 허용하도록 유도한다.

주도성을 강화시키는 교육훈련

독일군의 강점은 일찍부터 지휘관들로 하여금 교육과 훈련, 훈육, 품성과 지식을 균형 잡히게 발전시키는 것이다. 전술교육시에는 교육과정 시작부터 종료시까지 연속된 상황으로 교육하며, 상황의 전개와 발전에 따라 관련된 교리를 연관시켜 교육한다. 연속되는 한 가지 상황으로부터 확실한 전술적 기초를 습득하고 상이한 지형과 상황에서 응용할 수 있는 능력을 배양한다.

우수하고 야전 경험이 풍부한 인원을 담임교관으로 선발하여, 학생에 대해 지휘관, 교관, 훈육관의 3가지 역할을 수행토록 한다. 모든 전술교육을 담임교관이 담당하되, 필요시 전문교관이 지원하고 담임교관을 통해 '그 지휘관식 전술'을 체득하고 야전에서 응용하도록 한다.

전술교육과정에서 절대평가 제도를 택함으로써 경쟁보다는 창의력과 협동심을 배우게 된다. 절대평가제 운영에 따른 진급심사 시 변별력의 저하는 7개년 임관기수를 대상으로 하여 최우수자를 선발함으로써 보완된다.

7.4 미군의 적용사례

발달 과정

20세기 초에 미 육군은 독일군의 전술교리 및 훈련기법을 많이 도입하였으나, 1920년대에 들어서면서 점차 미국화된 군사교리를 정착시켜 나갔다. 2차 세계대전과 한국전쟁 그리고 월남전쟁이 수행되는 과정에서 미군내에서는 독일의 임무형 지휘에 상응하는 전술적 활동은 그리 많지 않았다.

월남전은 미 육군에 큰 영향을 미쳤다. 정규전보다는 비정규전의 성격으로 진행된 월남전에서 미군은 막강한 화력에 의존하여 전쟁을 수행하였으나, 시간이 흐를수록 전투성과가 감소하고 병사들의 장교에 대한 반항 사례가 빈번하고 약물과용과 인종차별 등의 문제가 발생하였으며, 리더십, 사기 및 훈련 등에서도 많은 문제가 부각되었다.

지휘행동과 관련하여 기동성과 수송능력을 겸비한 헬기는 가장 중요한 전투수단이었으나, 그 기동성으로 말미암아 분권적 의사결정 능력을 빼앗고 중앙집권적 사고를 조장하는 의외의 역기능적 결과를 초래하였다. 헬기를 이용하여 신속하게 설치된 공중지휘소는 하급지휘관의 지휘권과 독단활용을 잠식시켰다. 지상에서 전투를 수행하는 중대장들은 대대장, 여단장, 부사단장, 사단장 그리고 심지어는 야전군 사령관까지도 헬기를 타고 상공에서 층층으로 맴돌고 있는 모습을 보는 것이 다반사였다.

미군은 월남전에서 패배한 주된 이유들 중 하나로서 '작전적 차원의 전쟁능력 부재'를 지적하고, 이를 보완하기 위하여 '작전술 개념'을 새롭게 정립하고 '화력위주의 소모전'에서 '기동전 사상'으로 전환을 모색하였다. 임무형 지휘는 이와 같은 기동전 개념의 정립과정에서 요구되었다.

공지전투 교리발전과 임무형 지휘

수년간의 연구를 통하여 만들어진 공지전투 교리는 1980년대 미 육군의 현대화에 지배적인 영향을 미치었다. 이 교리는 임무형 전술 개념에 입각한 주도권 중심의 군사교리로서, 화력과 기동의 균형을 회복케 하였으며, 전투의 정신적 요소와 인간적 차원에 새롭게 주목하도록 만들어졌다.

공지전투 교리의 수립과정에서 독일군의 임무형 전술개념이 적극적으로 검토되었다. 장차 전장에서는 혼란으로 인하여 예하부대에 대한 중앙집권적 통제가 매우 어렵고 때로는 불가능하기 때문에 현장 지휘관의 주도적인 즉각 대응의 필요성이 절실히 요구된다는 데에 의견이 합치되었으며, 이를 토대로 독일군의 임무형 전술 개념이 추가적으로 채택되었다.

걸프전

걸프전은 미군으로 하여금 새롭게 정립한 공지전투 개념과 임무형 지휘의 효과를 검증하는 시험무대였다. 속도와 기습을 보장하는 작전적 기민성이 강조되고, 예측을 불허하는 격렬한 전투현장에서 상급지휘관의 지시나 감독을 받지 않고 독자적으로 판단하고 조치하는 능력이 강조되었다. 걸프전에서 미군은 임무형 지휘개념에 의한 분권화가 철저하게 이루어졌다. 걸프전을 통하여 얻은 중요한 교훈은 평시에 거의 완벽한 C4I체계를 구비하고 있다 하더라도 전장의 불확실성은 여전히 존재하며 직접적인 전장 통제에 한계가 있다는 것이다. 임무형 지휘는 바로 이러한 한계를 극복하는 데에 있어서 필수적인 요소로 인식되었다.

걸프전 경험에서 임무형 지휘와 관련된 사항을 제시하면 다음과 같다. 지휘관 의도는 하나의 분명한 중심축을 이루고, 부대는 이 축을 중심으로 움직였다. 전구 내에서 혹은 전투준비 간에 실시하는 예행연습 또는 임무수행 브리핑에서도 지휘관의 의도를 잘 아는 것은 매우 중요하다. 상세한 우발계획 작성은 걸프전의 성공에 중요한 역할을 하였다. 워게임과 예행연습 중에 부대들은 최초명령으로부터 변동될 수 있는 요소들을 찾아내도록 훈련되었으며, 이러한 대비를 통하여 실제상황에서 고도의 기민성과 융통성을 성공적으로 구사할 수 있었다.

걸프전에서 많은 지휘관들이 성공적으로 작전을 실시할 수 있었던 것은 집권화된 계획과 분권화된 실시 때문이었다. 지휘관들은 예하 지휘관들과 병사들에게 브리핑을 해 준 다음 그들이 작전의도에 대하여 충분히 이해한 것으로 확인되면, 그 다음에는 간섭을 최소화하고 스스로 작전을 실시해 나가게 하였다. 아울러 지휘관들은 예하 지휘관과 참모들이 적을 패배시킬 수 있는 능력이 있음을 믿고 자신감을 가질 수 있어야 한다고 강조했다. 이러한 지휘행태가 걸프전을 승리로 이끌 수 있게 한 성공요인들 중의 하나였다.

임무형 지휘 영향요소

미육군의 교범 「임무형 지휘」에서는 임무형 지휘의 성공여부가 크게 4가지 요소에 의해 영향받는다는 것을 제시한다 : 지휘관의 의도, 예하부대의 주도권, 임무형 명령, 자원 할당.

지휘관 의도는 부대가 반드시 수행해야 하는 것과 적, 지형, 요망하는 최종상태를 고려하여 부대가 충족시켜야 하는 조건에 대한 명확하고 간명한 진술이다. 지휘관은 예하부대에 일정한 한계와 더불어 자신의 의도를 구체적으로 전달하고, 예하부대는 이러한 한계 내에서 노력의 통일을 이루는 한편 자신들의 주도권을 행사할 수 도 있다.

최초의 작전개념에 차질이 발생하였거나, 예상되지는 않았지만 상급지휘관의 의도를 달성할 수 있는 기회가 발생한 경우, 예하부대 스스로 독립적인 결심과 행동을 수행할 수 있다. 예하부대는 위임된 행동의 자유범위 내에서 어떻게 임무를 달성하고 작전실시간 어떻게 주도권을 행사할 것인가를 결정한다. 어떠한 경우에도 예하부대의 주도권은 지휘관의 의도 범위 내에서 이루어져야 한다.

임무형 명령은 전투명령을 완성하는 하나의 기술로 임무를 달성하는 데 있어 예하부대에 최대한의 계획수립과 행동의 자유를 허용하고 임무달성 방법을 예하부대에 위임하는 방법이다. 임무형 명령에는 전투편성, 지휘관 의도와 작전개념, 부대의 임무, 예하부대의 임무, 최소 필수 협조지침 등이 진술된다. 임무형 명령을 사용하는 경우 적절하게 작성된 임무진술과 지휘관의 의도는 매우 중요하다.

지휘관은 예하부대가 임무를 달성할 수 있도록 충분한 자원을 할당한다. 임무형 지휘 하에서 지휘관은 정보와 자원을 고려하고 이를 모든 수준의 제대와 공유한다.

임무형 지휘와 여건

표면적으로 보면 안정화 작전과 지원작전은 통제형 지휘가 보다 유리한 것으로 보일 수 있다. 안정화 작전과 지원작전에서는 통상적으로 다른 작전에 비해 위기상황이 적게 발생하며 결심수립과 행동에 보다 많은 시간이 가용하다. 그러나 종종 정치적으로 민감한 분위기와 복잡한 조건을 가지고 있는 안정화 작전과 지원작전의 경우에도 임무형 지휘가 적합하다.

미군은 육군이 현재 구축하고 있는 디지털 정보체계는 통제형 지휘를 강요하기 위해 이용될 수도 있지만, 실제로 임무형 지휘를 보다 용이하게 하고 강화시키고 있다고 본다. 무엇보다도 정보체계는 예하부대의 주도권 행사에 하나의 지침이 될 수 있는 공통작전상황도를 지휘관이 예하부대에 제공하는 것을 가능하게 해준다. 또한 디지털화는 지휘관에게 보다 양질의, 보다 정확한, 보다 적시적인 정보를 제공함으로써 지휘관의 지휘결심에 크게 기여한다.

제8장

임무형 지휘 활성화 방안

본 장에서는 임무형 지휘의 활성화를 위하여 적용할 수 있는 다양한 방안들이 제시되었다. 이들 중 일부는 군사전문지식 구비, 공통된 전술관과 군사지식의 공유, 자유로운 의사소통, 상·하간 신뢰 유지, 부하계발, 교육 및 리더십 문화 등 임무형 지휘의 적용을 위한 기본 요건들의 구축과 연관되어 있으며, 나머지는 임무형 지휘의 효과성 증대를 위한 여건 조성과 관련되어 있다.

8.1 제도 및 마인드

지휘책임의 명확한 한계설정

지휘관에게 부대 운영과 관련하여 무한책임이 부가되면, 역으로 지휘관은 책임을 면하기 위하여 무한권한을 갖으려 한다. 무한책임으로 인한 무한권한의 행사는 지휘관들 스스로를 피곤하고 지치게 만들며, 참모들의 책임분야와 예하 지휘관들의 책임분야를 간섭하고 침해하게 만든다. 무한책임은 결과적으로 과도한 야근과 업무 홍수의 원인으로 작용하여 업무의 효율성과 효과성을 약화시킨다.

지휘관은 부대의 성패에 대한 책임을 지는 것이지 무한책임을 지는 것은 아니다. 부하의 개인적인 과오에 대해서까지 지휘관이 책임을 져야 한다면 지휘권은 더 이상 건전하고 올바르게 행사될 수 없다. 따라서 지휘관의 책임한계를 적정한 선에서 명확하게 설정하는 것이 중요하다.

예하부대의 자율적 활동범위 확대

전시 혹은 유사시에 예하 부대 지휘관들이 상급부대 지휘관의 의도범위 내에서 주도적이며 창의적인 전술활동을 구사하기 위해서는 평상시의 전술훈련 및 교육 그리고 부대관리에서 재량권을 행사할 수 있어야 한다. 예하부대에 대한 상급부대의 과도한 통제와 간섭 그리고 예하 지휘관의 과중한 지휘부담은 임무형 지휘의 정착을 저해하는 가장 주요한 요인들이다. 상급부대의 관행적인 지도방문과 과다한 검열 상황 속에서는 예하 지휘관들로 하여금 부하의 권한을 재차 침해하게 만드는 악순환을 유발시킨다. 예하부대에 권한을 위임하기 보다는 말단 제대까지 직접 통제하고 간섭하는 지휘 풍토 역시 예하부대의 자율성과 창의력 발휘를 저해한다. 현장의 지휘관들로부터 상급부대의 요구사항을 100% 충족시키기 위해 하루 24시간도 부족하다는 하소연이 일반화되는 여건에서는 임무형 지휘가 원활하게 정착될 수 없다.

따라서 상급부대에서는 임무형 지휘의 활성화를 위해 평가체계의 방법론적인 보완을 통하여 하급제대의 지휘 여건을 보장해 주어야 한다. 아울러 감시 및 통제위주의 지도감독개념에서 탈피하여 조정하고 도와주는 입장에서 지도감독이 이루어지도록 해야 한다. 감독의 범위는 가급적 1, 2단계 하급제대까지로 한정하고 3단계 이하까지 확대하는 것을 지양해야 한다. 상급부대에서는 하급제대 지휘관들에게 일정한 범위 내에서 재량권을 행사할 수 있도록 여건을 제공하되, 재량권의 범위는 부여되는 임무의 특성에 따라 그 정도가 조절되어야 한다.

법과 규정에 의한 부대 지휘

임무형 지휘를 구현해 나가기 위해서는 부대 지휘 및 운영이 법과 규정 그리고 방침에 의해 이루어져야 한다. 부대 활동이 규정과 방침에 의해서 이루어질 경우 분야별 준비시간이 절약되어 실시 및 감독에 노력을 더 집중할 수 있게 되며, 상급부대의 눈치를 보는 피동적인 업무수행 관행을 타파할 수 있다. 또한 상급부대의 명령이나 지시가 없더라도 모든 부대활동이 일정한 범위 내에서 원활하게 이루어질 수 있으며, 예하부대의 창의적인 임무수행이 가능하다. 그러나 사업계획을 즉흥적으로 수정하여 부대를 바쁘게 운용하거나, 필요한 지시를 적시에 제공하지 않은 채 업무추진 과정에서 일방적으로 계획을 수정하거나 변경하는 지휘풍토에서는 예하부대에서 주도적으로 임무를 수행할 수 없다. 이러한 경우 부하는 상관의 지시 안에서 복종하는 것이 현명한 처세라고 생각하게 되며 모든 것에 우선하여 지시사항을 복명하기에 급급하게 된다.

무결점주의 지양

임무형 지휘를 저해하는 주된 요인들 중 하나는 어떠한 경우에도 실수가 없어야 한다는 무결점주의 내지는 완벽주의이다. 전술적 상황에서는 실수나 과오가 발생해서는 절대로 안된다는 생각으로 평상시 모든 부대활동에서 어떠한 실수도 발생해서는 안된다는 점을 강조하는 경우가 있다. 정밀한 기계공작과정에서도 오차가 발생하기도 하고 불량품이 생산되기도 하는데, 사람이 하는 일에 실수나 과실이 일체 없을 수 없다. 그럼에도 불구하고 실수를 일체 허용하지 않는다는 지휘관들의 강조는 예하 지휘관들로 하여금 최대한 안전위주로 지휘하도록 유도하는 결과를 초래하게 된다. 이에 더 나아가서 실수나 과오 발생시 질책과 징계 등 부정적인 제재가 가해지면 부하들은 지시된 내용에만 집착하고 개인적인 열정과 창의성은 보여주지 않게 된다. 아울러 어떤 일이 잘 못되었을 때, 자신의 실수를 감추거나 일부를 최소화하여 보고하게 된다.

임무형 지휘는 어느 정도 계산된 실수를 허용함으로써 부하의 창의적이며 주도적인 임무수행능력을 장려하는 것이다. 어느 정도 실수에 대한 관대함이 전제되어야만 부하들이 모험적으로 재량권을 행사하게 되고, 이러한 재량권 행사를 통하여 창의성과 주도성이 강화될 수 있다. 그렇다고 해서 부하의 실수가 무한정 허용되어야 한다는 의미는 아니다. 반복적인 실수가 발생할 경우에는 당연히 문제해결적인 제재조치가 주어져야 할 것이다.

공감대 형성과 교리화

임무형 지휘가 육군의 지휘개념으로 근착되어 활성화되기 위해서는 이를 실제적으로 운용해야 하는 지휘관들의 공감대 형성이 중요하다. 임무형 지휘의 시대적 필요성을 인식하고, 임무형 지휘의 본질에 대한 정확히 이해가 선행되어야 하며, 이러한 인식과 공감대 형성은 초급간부에서부터 장군에 이르기까지 전 제대에 거쳐 이루어져야 한다. 십여 년 전에 이미 육군의 지휘개념으로 설정하고 추진하고자 하였으나 제대로 근착되지 못하였다고 하여 임무형 지휘의 활성화에 회의적인 견해를 갖기 보다는 왜 성공적인 결과를 얻지 못하였는가에 대한 정확한 원인을 분석하고 이를 반면교사로 삼아야 한다.

아울러 임무형 지휘의 활성화는 시스템적으로 추진되어야 한다. 이를 위해서 육군의 기본정책서와 정책목록에 개념과 내용을 포함시켜야 하며, '임무형 지휘' 교리를 발전시키고 '지휘통솔' 등의 관련 교범에 임무형 지휘에 관한 내용을 포함시켜야 한다.

8.2 공통의 전술관 및 군사지식 구비 방안

주기적인 전술토의

공통된 전술관 구축을 위해서는 제대별 작계발전 전술토의를 주기적으로 실시하여 전투수행 방법을 구체화함은 물론 상·하급제대 지휘관 간의 공감대 형성을 강화시켜 나가야 한다. 전술토의시 상급지휘관은 현 상황 및 장차 상황을 판단하여 적시성 있게 작전의도를 전파해야 하며, 이러한 상급지휘관의 작전의도는 예하부대의 행동방향 및 독단활용의 근거가 된다. 전술토의를 통하여 예하지휘관들은 상급지휘관의 전술관과 지휘의도를 확인하는 기회를 갖게 된다.

전술토의를 효과적으로 운영하기 위해서는 가능한 훈련통제계획을 미리 하달하고 예하부대의 훈련임무 수행계획을 보고 받아 전술훈련 계획 및 개념이 명확하게 숙지되었는지 여부가 점검되어야 한다. 이러한 측면에서 명령하달 후에 이루어지는 예하부대의 임무수행 계획보고는 매우 중요한 판단 자료가 된다.

위급한 상황에서는 매우 짧은 시간에 지휘결심을 해야 한다. 따라서 긴급한 상황 속에서도 지휘결심이 적시적으로 이루어질 수 있도록 평시에도 짧은 시간 내에 방책을 발전시켜 계획을 수립하고 명령을 하달하는 능력을 강화시켜 나가야 한다. 이 경우에도 상급부대 지휘관들은 예하부대 지휘관들이 상급부대의 지휘의도 범위 내에서 지휘결심이 이루어지는지 여부를 확인하고 지도해야 한다.

간결한 명령어 체계와 관리기구 설치

전쟁이란 본질적으로 혼돈의 성격을 띤다. 이러한 혼돈 속에서 지휘관의 언어와 명령은 간결하고 이해하기 쉬우며 명확해야 한다. 간결한 명령어는 명령자로 하여금 자신의 의도를 명확하게 하달할 수 있도록 도와주며, 수신자로 하여금 명령자의 의도를 정확하게 이해할 수 있도록 도와준다. 따라서 군 내부적으로 사용되는 전술부호와 용어를 군차원에서 통일시키고 유지하려는 노력이 요구된다. 또한, 공통된 전술부호와 용어의 사용은 구성원들로 하여금 공통된 개념을 형성하고 유지할 수 있도록 도와주며, 의사소통과정에서 발생할 수 있는 잡음(오해, 불충분한 이해 등)을 감소시켜준다. 전술적 부호는 부대나 무기체계 뿐만 아니라 전술적 개념까지도 표현이 가능하다. 전술적 부호를 활용하여 작전상황도를 그리게 되면 부대의 배치, 규모뿐만 아니라 작전의도와 작전의 진행단계까지도 파악될 수 있다.

아직까지 우리 군에서는 군사용어들을 체계적으로 관리하는 총괄적인 기관이 중앙에 없기 때문에 용어정비에 관한 빈틈없는 업무가 불가능하며, 비전문가들에 의해 검토되고 있는 실정이다. 따라서 권위 있는 용어의 제정과 이에 대한 보급을 책임질 수 있는 부서가 국방부 차원에서 발족되어야 한다.

전술센터 운영

전술분야에서 표준을 제시하는 전술센터를 운영하여 전군적 차원에서 공통된 전술관이 조성되도록 해야 한다. 야전부대에서는 전술센터에서 표준안으로 배포된 개념에 기초하여 전술토의를 운영함으로써 불필요한 노력을 최소화하고 상황해결 능력배양과 같이 직접적으로 필요한 분야에 전념할 수 있게 해야 한다. 아울러 야전부대에서는 교범에 근거한 전술토의를 생활화하도록 한다. 전술토의시 특정한 전술적 행동에 대한 평가를 할 때는 반드시 교범에 제시된 원칙에 근거하여 시비를 가리는 것을 습성화해야 한다. 특히 초급지휘자들로 하여금 교범 읽기를 생활화하여 제반 전술적 행위의 판단이 공통된 개념에서 이루어지도록 유도해야 한다.

전술교육 및 임무형 명령 하달 기법 훈련

임무형 지휘 원칙에 따라 하급제대 지휘관이 상급제대 지휘관의 의도 범위 내에서 행동의 자유를 구사하기 위해 절대적으로 필요한 전제조건은 하급제대 지휘관들에게 차차 상급제대의 전술개념을 공유시키는 것이다. 예를 들어 소대장의 경우 대대전술을 상당부분 숙달하여야 한다. 지금과 같이 소대장들이 소대전술만을 숙달하고 대대전술은 개략적인 수준에서 이해하고 있는 경우, 위급한 상황 발생시 대대장의 전술개념 내에서 움직인다는 것은 매우 어려운 일이다.

또한 임무형 지휘는 각 개인에서부터 군사령부에 이르기까지 전 제대에 적용되는 지휘철학이며 지휘기법이다. 그런데 군 특성상 대대급 이하 제대에서는 임무형 지휘에 따른 명령하달의 기회가 많지 않다. 연대 혹은 대대 전투력 측정과 같은 연례적인 평가시기 뿐만 아니라 주기적인 전술훈련 상황에서 각 제대 지휘관들이 임무형 명령의 하달을 연습함으로써 이를 습성화하도록 해야 한다.

8.3 상·하급자간 상호신뢰 유지방안

임무형 지휘는 상호신뢰를 전제로 한다. 상관은 부하가 자신의 의도 범위내에서 책임을 지고 최선을 다하여 임무를 수행한다고 믿어야 하며, 부하는 상황이 급변하거나 상관과의 연락이 두절된 상황에서 자신의 상급자 또한 평상시 공유된 전술관에 의해 지휘할 것이라고 믿어야 한다. 상호신뢰성은 다음과 같은 방안들을 통하여 구축될 수 있다.

장병 기본권 보장

장병들의 상급지휘관에 대한 신뢰는 자신들의 기본권이 보장받을 경우 훨씬 더 강하게 작용된다. 평소 생활에서 자신들의 기본권이 보장되지 않을 경우, 장병들은 자신의 상급지휘관을 신뢰하지 않는다. 군대라고 하는 특수성이 강조되어 민주시민으로서 헌법에 보장된 기본권들이 침해되어서는 아니되며, 불가피한 경우가 아니라면 가급적 보장되어야 한다. 장병들은 평소에 자신들의 권익을 보장하고 지켜주는 조직에 충성하며 신뢰하기 마련이다.

인간존중의 리더십 발휘

인간존중의 리더십은 조직의 목표를 달성하기 위해 인간을 하나의 부속품이나 자원으로만 인식하기 보다는 개개인 모두가 소중한 존재이며 개개인으로부터 조직발전과 목표달성의 원동력이 나오고 이를 통해 조직과 구성원 모두의 목표를 효과적으로 달성하자는 관점이다. 따라서 부하를 지휘통솔하는 모든 제대의 지휘관(자)들은 수직적이며 강압적인 지휘행태를 지양하고 법과 규정을 준수하면서 병사들을 성숙한 인격체로 대하며 병사들이 국민의 한 사람으로서 신성한 국방의 의무를 지고 있다는 보람과 긍지를 일깨워줘야 한다.

상호신뢰 구축은 이성적인 지휘 뿐만아니라 정에 의한 지휘를 함께 발휘할 경우 더 효과적으로 이루어질 수 있는데, 이를 위한 방안으로 다음과 같은 사항들이 고려되어야 한다: 먼저 자신의 직무에 정통하고 책임을 지며, 달성가능한 목표를 제시하고, 자율적으로 행동한다. 부하를 대할 때에는 정당하게 이해심과 인내를 가지고 능력에 맞게 대한다. 부하를 아끼고 가치를 존중한다. 상세히 알려주며 대화할 수 있는 자세를 보인다. 부하를 전우 또는 조언자로 대우하고 그 능력을 인정한다. 리더들은 자신의 부하와 눈높이를 맞추고 이들을 인격체로 대하며, 조직목표 달성의 동반자로 인식하여 권한을 위임하고 책임을 공유한다. 부하로 하여금 각자가 수행하는 일의 가치를 인식케하고 자발적인 참여와 창의력 발휘를 위한 동기유발을 통하여 조직의 효율성을 극대화시켜 나간다. 디지털 시대의 장병들은 개성이 강하고 간섭받기를 싫어하며 의

사표현이 분명하고 자기가 좋아하는 일에는 매우 적극적인 경향을 보이므로 무조건 '나를 따르라'는 식이 아닌 '나는 너를 믿는다!'와 같은 참여적이며 자율적인 리더십으로의 변화가 요구된다.

초임간부 능력개발

임무형 지휘의 전제조건인 신뢰형성은 능력에 기초한다. 이때 신뢰는 단순하게 상대방을 믿는다는 이성적인 판단이 아니라, 함께 생활하면서 상·하급자 서로가 보여준 직무성과와 능력에 의하여 점진적으로 형성되어 가는 정서적인 확신이다. 일반적으로 상급자는 하급자 보다 더 다양한 직무경험과 더 오랜 경력을 갖고 있기 때문에 직무상으로 하급자의 신뢰를 얻는 것이 자연스럽게 이루어질 수 있다. 그러나 상급자가 하급자에 대해 갖게 되는 신뢰감은 하급자의 직무능력에 의해 매우 크게 영향 받는다. 따라서 하급자의 직무능력 계발은 임무형 지휘의 활성화를 위해 지휘관들이 관심을 가져야 하는 분야이다. 부대별로 여건과 특성이 상이하므로 새롭게 부대에 전입되는 초급지휘자(관)에 대한 직무역량 분석을 통하여 무엇을 어떻게 교육시켜야 할 것인가에 대한 방안이 수립되어야 한다.

정서적 유대활동 강화

다양한 부대활동을 통하여 상·하급자간에 이심전심할 수 있는 분위기를 조성해야 한다. 주기적인 간담회 또는 단결활동을 통하여 가능한 한 친밀한 인간적 유대관계를 유지할 수 있도록 노력해야 한다. 상호신뢰는 인지적 차원과 정서적 차원에서 이루어져야 하는데, 정서적 차원에서의 신뢰는 생활 속에서 자연스럽게 형성될 수 있도록 여건을 조성해 나가야 한다.

8.4 소통과 주도성 배양

임무형 지휘에서 상·하급자간의 자유로운 의사소통은 그 자체가 중요하기도 하지만 공통된 전술관 형성이나 신뢰형성과 같은 다른 전제조건들의 충족에도 절대적으로 요구되는 조건이다. 의사소통이 제대로 이루어지지 않을 경우 상급자의 전술관이나 지휘의도가 차하급자 수준까지 온전하게 전달되기 어려우며, 이러한 여건에서 하급자들이 차상급자의 지휘의도를 파악하는 것 또한 어렵다. 의사소통 채널이 막혀 있는 경우 상·하급자 서로가 서로간의 신뢰를 쌓아갈 수 있는 가능성은 희박하다. 따라서 평상시 부대생활 속에서 자유로운 의사소통체계를 구축하고 유지하는 것은 유사시 임무형 지휘의 성공적인 구현을 위해 매우 중요하다. 이를 위해 다음과 같은 방안들이 시도되어질 수 있다.

다양한 상향식 의견개진 채널 구축

군의 조직특성상 하급자가 상급자에게 자유롭게 의견을 개진할 수 있는 여건을 조성하는 것은 쉬운 일이 아니다. 권위주의적이거나 절차상의 복잡함은 하급자들의 접근성을 약화시킨다. 따라서 하급자가 상급자에게 자유롭게 의견을 개진할 수 있는 가능성이 시스템적으로 보장되어야 한다. 이를 위해 현재 운영 중인 인트라넷은 상·하급자 간의 의사소통을 유지하는 데에 있어서 매우 유용한 시스템이다. 주기적인 상향식 의견 개진을 제도화하여 1, 2차 하급자들이 자신들의 의사를 자유롭게 개진할 수 있도록 보장해야 한다.

상급자의 진실된 의견청취 자세

원활한 의사소통의 중요성과 필요성에 대해 모두가 공감하고 있으면서도 군에서 실제적으로 잘 이루어지지 않는 원인은 대부분 지휘관 혹은 상급자들의 소통에 대한 태도에 기인하는 경우가 많다. 기본적으로 일방향 의사소통에 익숙한 조직에서 자유스러운 쌍방향 의사소통을 유지한다는 것은 추가적인 노력이나 태도의 변화 없이는 매우 어려운 일이다. 따라서 자유로운 의견개진을 위해 절대적으로 필요한 요구조건은 바로 상급자의 소통에 대한 진실된 태도이다.

단순한 정보수집 차원에서 하급자의 의견 개진이 요구될 경우, 허심탄회한 의견 개진 이후 문책성 질책이 뒤따르는 경우, 토의를 한다고 표현 되었으나 형식적인 제스츄어로 인식된 경우 등은 진정한 의사소통의 문화를 저해하는 요소들이다. 따라서 지휘관들은 의견개진 과정에서 상기한 경우들이 발생하지 않도록 힘써야 하며, 토의과정에서 건의된 사항들은 철저히 조치해 주도록 노력해야 한다.

주도성 배양

임무형 지휘는 하급자로 하여금 맹목적이며 무조건적인 복종을 요구하는 것이 아니다. 임무형 지휘는 하급자들이 상급자의 지휘의도 범위 내에서 주도적으로 행동하는 것을 요구한다. 전투의 승리는 전장의 주도권을 누가 먼저 장악하느냐에 달려 있음으로 주도권을 장악하기 위해 불확실성 속으로의 모험도 주저하지 말아야 한다. 다음에서는 하급자의 주도성과 모험심 배양에 유용한 방안들을 소개한다.

임파워먼트 리더십은 상급자와 하급자가 비전과 정보를 공유하고 하급자에게 권한을 이양하여 의욕을 고취시키는 한편 하급자의 자주성을 중시하고 창의력을 발휘할 수 있는 여건을 보장함으로써 임무수행의 성과를 극대화하는 것이다. 즉 임파워먼트 리더십은 스스로 성과지향적인 사람으로 키우는 자기 리더십(self leadership)과 부하를 자기 리더(self leader)로 키우는 수퍼 리더십(super leadership)을 합친 것이다. 임무형 지휘는 바로 임파워먼트 리더십을 군에 접목시키는 것과 거의 동일하다.

임파워먼트 리더십은 개인차원, 집단차원, 조직차원 등 세가지 차원에서 구현된다. 개인차원은 사고의 변화를, 집단차원은 관계의 변화를, 그리고 조직차원은 제도와 구조의 변화를 의미한다. 마찬가지로 성공적인 임무형 지휘의 정착과 활성화를 위한 노력은 개인차원 뿐만 아니라 집단차원에서 그리고 조직차원 등 다차원적으로 이루어져야 한다.

권한의 이양이 잘 되지 않는 이유는 상급자들이 권한 이양으로 인하여 자신들의 권한과 통제력을 상실할 것 같은 두려움을 느끼고 마치 지위를 상실한 것 같은 두려움을 갖기 때문이다. 아울러 하급자의 입장에서도 권한을 이양 받은 순간 모든 책임이 자신에게 부과되는 것으로 판단하기 때문에 이를 거부하게 된다. 그러나 임파워먼트에서 논하는 권한 이양은 통제력 상실을 의미하는 것이 아니라, 부하를 자기 리더로 키우는 것이다.

감시 및 통제위주의 지도감독 개념에서 탈피하여 지원하고 도와준다는 입장에서 지도감독이 이루어 질 수 있도록 한다. 감독대상은 1, 2단계를 원칙으로 하고 방법은 현장위주로 하되 각종 보고, 평가, 방문, 감독기관 활용 등 다양한 수단을 이용하며, 많은 시간을 할애하여 애로사항을 청취하고 이를 적극적으로 해결해 주려고 노력한다.

8.5 학교교육 활성화 방안

상황위주의 교육

학교교육은 크게 두 가지 방식으로 접근할 수 있다. 한 방법은 과목내용을 교육하면서 해당되는 사례를 제시하는 방식이다. 그러나 이 방법은 과목 내용과 사례와의 연결이 다소 어렵고, 자칫 교육이 암기식 내지는 주입식으로 진행될 가능성이 높아 효과성이 떨어질 수 있다. 다른 접근방법은 하나의 긴 상황을 연구해 나가면서 필요한 내용들을 중간 중간에 포함하여 교육하는 방식이다. 하나의 상황을 수개월간에 걸쳐 연구하면서 이에 요구되는 각 종 전술지식을 교육시킴으로써 교육생으로 하여금 교육내용의 필요성과 실제적인 적용을 체험하게 한다. 임무형 지휘의 개념하에서 보면 상황중심의 교육 방식이 보다 더 적극적으로 권장되어야 한다.

병과 통합 전술교육 및 평가

대대급 이상의 전술교육을 실시할 경우에는 가급적 제 병과가 통합되어 교육되는 것이 바람직하다. 제병협동전투는 대대급 이상 제대에 의해서 실시되는바, 수많은 전투지원, 지휘통제 및 보급부대 운영이 전투부대 지휘통제에 맞춰져야 하는 것을 명확히 이해시켜 주어야만 한다. 초급지휘자들에게 대대급 전술을 교육시킴으로써 중대급뿐만 아니라 대대급 차원에서 함께 사고할 수 있는 능력을 부여해야 한다.

전술교육시 평가의 비중을 어느 곳에 두느냐에 따라 피교육생의 관심도가 다르게 나타난다. 임무형 지휘를 위해 전술학 평가는 모범답안을 강요하기 보다 결심수립에 중점을 두고 얼마나 논리적인가에 집중한다. 정답과 오답의 구분보다는 권고안으로 제시하는 방법을 택한다. 궁극적으로 전술교육에서는 모범안을 따르게 하기 보다는 임무수행을 위한 의지와 사고력을 키워주는 것에 더 큰 의미를 두어야 한다.

제9장
인권과 지휘권[26)

독일 연방군의 내적지휘는 민주주의 사회의 기본 특성들과 군대사회의 기본 특성들 간의 갈등을 최소화함으로써 궁극적으로는 군 구성원의 자유와 권리를 최대한으로 보장함과 동시에 각 개인의 군사적 수행능력을 최대화하는 데에 그 목적이 있다. 그리하여 내적지휘는 군 구성원들이 자유민주주의 체제를 신봉하는 자유 인격체, 사회적 책임의식을 갖춘 시민, 그리고 전투태세를 갖춘 전투원 즉, 『제복을 입은 국민』으로서의 역할을 수행토록 한다.

내적지휘에서 중시하는 민주시민 사회의 특성과 군대사회의 특성은 『인권과 지휘권의 관계』로 재해석할 수 있다. 인권은 일반적으로 '인간이 인간답게 살아가기 위해, 누구나 마땅히 누려야 할 권리'로 정의된다. 인권 중에 헌법에 규정된 것을 기본권이라고 볼 수 있는데, 헌법의 기본권은 자유권적 기본권, 경제적 기본권, 정치적 기본권, 청구권적 기본권, 사회적 기본권, 평등권 등으로 구분된다. 지휘권(Command Authority)은 지휘관이 계급과 직책에 의해서 예하 부대와 부하들에게 합법적으로 행사하는 권한으로서 법규와 상급부대 지휘관의 지휘와 감독 범위 내에서 이루어지는 재량행위의 일종이다. 내적 지휘가 구현된

---

26) 본 장의 내용은 고재원과 김용주(2008)의 「지휘관의 친인권적 리더십 모델 탐색」을 참고하여 작성되었음.

군대란 바로 이러한 인권과 지휘권이 조화를 이루고 있는 조직이라고 볼 수 있다.

그렇다면 한국군의 현실은 어떻게 투영되고 있을까? 한국군에서는 인권이 어느 정도 수준으로 보장되고 있으며, 지휘권과의 관계는 어떻게 설정되어 있는가? 달리 표현해서 한국군의 현 주소는 『제복은 입은 시민』의 군대에 어느 정도 근접해 있는 것일까? 본장에서는 이에 대한 답을 찾기 위해 먼저 한국사회의 변화에 대해 살펴보고, 한국군에서 기본권 보장이 어느 정도 구현되고 있는지 실태를 분석해 보고자 한다.

9.1 한국 사회의 변화

인권과 관련하여 한국사회에서 일어나고 있는 첫 번째 변화는 인간의 기본권에 대한 관심과 기본권 보장에 대한 요구가 증대되었다는 것이다. 두 번째 변화는 출생인구가 감소하고 사회 성원들 사이에 개인주의적 가치가 확대되고 있다는 것이다. 세 번째 변화는 군 조직 규모의 축소와 함께 구성원 개개인 역량의 중요성이 증대되고 있다는 점이다.

인권(기본권)에 대한 관심 증대

군 조직은 일반 사회조직과 대비하여 집단성, 구조성, 원리성 차원에서 차이가 있다. 한국군 뿐아니라 전통적인 군대는 조직지향적이고 지휘관 중심이며 수직적 상명하복의 절대적 위계질서가 강조되고, 헌신 및 희생이 요구된다. 또한 폐쇄적이며 지배적이고 강제적인 측면도 갖는다. 이러한 군대조직의 특성으로 인하여 군에서는 전근대적인 인권침해적 행동과 관행이 군대문화의 대표적 성격이며 경우에 따라서는 군대문화의 전부인 것처럼 잘 못 인식되어 왔다. 실제로 한국사회에서 군대 내 인권은 오랫동안 거론의 대상도 되지 못하였다. 군대사회의 특수성을 강조하며, 어느 정도의 인권침해는 엄정한 군기확립과 강군건설을 위한 필요악이라고 생각하는 지휘관도 과거에는 적지 않았다. 2005년도에 논산훈련소에서 일어난 인분사건은 바로 이러한 군대문화의 한 단면을 보여준 대표적인 사례였다.

그렇다고 해서 한국군이 병사들의 인권문제를 도외시한 것은 아니다. 그동안 한국군은 군대문화에 대한 국민들의 부정적 인식을 개선하고, 실질적으로 군 내부의 효율성 증진을 위해 군내의 인권문제 개선을 위한 노력을 지속적으로 추진해 온 것도 사실이다. 그러나 그러한 노력이 병 문화 개선의 문제에만 초점을 두거나, 그들만을 질책하는 개선을 요구하는 것이 주축이 되다보니 개선의 실효성이 떨어지는 결과를 맞이하게 되었다.

90년대 후반에 들어서면서 한국사회는 경제적 수준의 향상과 더불어 개인의 기본권에 대한 관심이 급속도로 높아지게 되었으며, 이러한 기본권 보장에 대한 요구는 날로 증대되어 가고 있는 추세이다. 이러한 추세에 따라 사회적으로는 참여정부의 수립과 함께 '국가인권위원회'나 '의문사 진상규명 위원회' 국방부 인권팀 등과 같은 국가적 수준의 공식적 기구가 창설되었으며, 이에 맞추어 군내부적으로도 각 군 본부의 인권센터 설치, 연대급 제대의 병영문화 전문상담관 배치 등이 이루어졌다.

군내부적으로 기본권 보장에 대한 요구의 증대는 여러 가지 다양한 형태로 표출되기도 한다. 2006년 34명의 공군 조종사들이 조기전역을 위한 집단 인사소청을 제기하는 사건이 발생하였다. 이들 조기전역을 희망하는 이유는 군이 조종사에 상응하는 처우를 제공하지 않기 때문이며, 더 좋은 경제적 여건을 제공해 주는 민간항공사에 취직하기 위한 것이었다. 이제는 개인의 기본권 보장에 대한 요구를 외면할 수 없으며, 기본권 보장과 지휘권 간의 조화를 추구하지 않을 수 없게 되었다.

핵가족주의와 개인주의의 강화

출생인구의 감소는 한국사회의 다양한 변화를 유발하는 중요변수가 되었다. 한국의 출생인구는 1970년대가 정점을 이루었으며, 그 이후 지속적으로 감소하고 있다. 출생인구의 감소는 가정의 구조에도 영향을 미쳐 대가족 중심에서 핵가족 중심으로 변화되었다. 이에 따라 핵가족 시대에서 성장한 젊은이들은 대부분 형제자매가 없거나 극소수이며, 대부분 어린 시절부터 부모의 존중을 최대한 받으며 양육되었다. 핵가족 시대에 성장한 청소년들은 대가족시대에 성장한 청소년들과 여러 면에서 차이가 있다. 특히 가치(Value) 체계에서 집단주의 보다는 개인주의가 더 발달되었다고 볼 수 있다.

그렇다고 해서 개인주의는 기성세대가 생각하는 것처럼 조직에 역기능적인 속성만을 갖는 것은 아니다. 개인주의는 자기를 타인과 독립된 것으로 보며, 행동의 결과가 자기 개인의 목표에 미치는 영향에 대해 보다 관심을 집중하는 경향성을 지칭하는 것이며, 개인주의자들은 자율성, 자유, 자기 성취, 주장성, 개인의 독특성에 가치를 둔다. 반면에 집단주의자는 자기를 관련된 타인들과의 상호의존적인 존재로 간주하며, 자기행동의 결과가 내집단의 목표 달성에 미치는 결과에 관심을 집중할 뿐만 아니라 집단이나 파트너의 복지를 위해 개인적 이익을 희생할 가능성이 더 크다. 일반적으로 집단주의자들은 양육, 순응, 쾌락의 억제, 상호의존성에 더 큰 가치를 둔다(Kim, Triandis, Kagitcibasi, Choi & Yoon, 1994). 개인주의적 성향이 강할수록 자신의 가치가 존중받기를 원하고, 주변 타인들로부터 자기 가치감을 인정받고 싶어하는 경향이 더 강하다.

군 구조 개편과 개인의 역할 증대

군 구조는 안보상황에 맞추어 유동적으로 변화되어 간다. 전장환경이 변화되고, 전력구조가 병력위주에서 기술위주로 전환되면서 부대구조가 단순화되어가고 병력 감축을 통한 정예화와 전문화 추세가 가속화되어가고 있다. 무기 및 장비체계의 첨단 과학화는 장병 개개인의 역할의 중요성과 영향력을 과거와 비교할 수 없을 정도로 증가시켜주었다. 이러한 변화추세는 개인의 역량을 극대화시켜줄 수 있는 병영문화의 개선을 우선적으로 요구하게 되었다.

개인의 역량발휘를 최대화시키고, 소수의 인력으로 운영의 효율성을 극대화시키기 위해서 무엇보다도 강력하게 개선되어야 하는 것은 바로 지휘문화이다. 변화하는 군내·외의 상황적 요구 증대와 군 지휘관의 지휘역량이 부조화를 이룰 경우, 이는 군에 대한 일반 국민의 신뢰도 저하와 직결되며 국방정책 수행에 장애요소로 작용할 우려가 있다.

9.2 한국군의 기본권 현안들

한국군에서는 기본권 침해와 연관된 요소들이 없는가? 만약 있다면 어떤 것들이며, 이들의 개선방향을 무엇인가? 정인섭(2007)이 제시한 장병 인권 관련 현안들을 보면, 공익근무, 징계영창제도, 군사법원제도, 동성애, 양심적 병역거부, 대외진정의 제한, 결사의 자유, 국가 배상청구, 초급간부 자가용 보유 제한 등과 같은 것들이 열거된다. 이외에도 기본권 침해의 요소가 있는 현안들로는 종교행사 참석시간 미보장, 영내 숙소에 대한 검열, 귀가시간 통제, 인터넷 차단 등이 있다. 다음에서는 현재 한국군에서 관찰할 수 있는 기본권 침해 요소들에 대해 살펴보고자 한다.

징계영창제도

징계라 함은 특별권력관계에 있어서 그 내부질서를 유지하기 위하여 질서교란자에게 특별권력에 기하여 과하는 제재행위를 말한다. 군에서는 징계에 따른 징벌권을 군의 지휘관에게 부여하고 있는바, 인권과 관련되어 논의가 되는 징벌은 영창제도이다. 영창은 휴가제한이나 근신 등으로 직무수행의 의무를 이행하는 것이 불가능하고, 복무규율의 유지를 위하여 신체구금이 필요할 때 처하는 것으로서 가장 무거운 징계처분에 해당한다. 현재 영창은 15일 이내의 기간동안 소속부대에 감금하는 것으로서 되어 있다.

영창처분은 군대라는 특수한 조직 내 규율 유지를 위하여 소속 부대장에 의하여 부과되는 행정징계벌의 일종으로 군대 내에서 정부수립 이래 유지되어 왔다. 영창은 단기간의 인신구금으로 민간의 즉심과 유사한 외관을 지니나, 즉심이 형사벌의 일종으로 법관의 결정에 의하여 부과되는 것과 달리 이는 행정벌로서 법관의 결정이 아닌 지휘관의 결정만으로 부과된다(박승일, 2006). 이러한 영창처분은 2006년 군인사법 개정을 통하여 대폭 개선된 제도이기는 하지만 아직도 이에 대한 여러 가지 논란이 제기되고 있다.

대외진정의 제한

민주주의 체제에서는 기본적으로 삼권분립과 상호견제를 원칙으로 삼으며, 상호견제를 위해서는 동일한 지휘계선이 아닌 다른 계선을 통하여 문제를 제기할 수 있는 기회가 법적으로 보장되어야 한다. 그런데 현재 대통령령인 군인복무규율은 군인이 복무와 관련된 고충사항을 진정 또는 집단서명 기타 법령이 정하지 아니한 방법을 통하여 군 외부로 그 해결을 요청해서는 아니된다고 규정하고 있다(군인복무규율, 제25조 1항). 하지만 국민고충처리위원회의 설치 및 운영에 관한 법률 제14조 1항에 의하면 국방관련 분야의 고충민원을 국가인권위원회에 제기할 수 있다.

군인이 복무와 관련하여 위법 또는 부당한 처우를 받았으나 군 자체 내에서 구제되지 않는 경우, 그는 일반 국민과 동일하게 자신의 문제를 대외적으로 제기할 권리가 있다. 다만 군인이라는 신분의 특성상 국가안보를 근거로 한 제한이 적용될 가능성은 일반국민보다 크게 높을 것으로 예상된다. 현재의 법령과 같이 군인이라는 신분에 근거하여 고충호소라는 표현의 자유가 일방적으로 제한된다면 이는 규약 제19조 2항에 위배된다.

초급간부 자가용 보유 및 운전 제한

육군 규정에 따르면 장관급 부대장은 운전자의 차량이 법령상의 자격을 구비하였는가 확인 감독하여야 하며, 자가용 차량의 군사구역 내 출입인가 사항을 부대 내규로 정하도록 되어 있다. 이를 근거로 초급간부의 자가용 소유를 제한하는 규정을 제정하고 있는 부대가 다수이다. 교통여건이 미흡한 현실적 문제에도 불구하고 자가용 소유 자체를 억제 또는 금지하는 내규를 유지하는 이유는 다음과 같다. 초급간부의 경우 부대적응력이 떨어지고, 젊기 때문에 음주운전과 같은 사고발생 가능성이 높으며, 자가용을 보유하고 있으면 무단으로 위수지역을 벗어날 가능성이 높다는 것 등이다.

그러나 이러한 제한은 정당한 근거가 없는 평등권 위반의 차별행위라 아니 할 수 없다. 단순히 사고위험이 높다거나 차량을 보유하면 위수지역을 무단이탈할 가능성이 높다는 이유만으로 초급간부의 자가용 보유를 제한할 근거는 성립하지 않는다.

종교행사 참석 통제

헌법 제20조에 의하면 '모든 국민은 종교의 자유를 가진다. 국교는 인정되지 아니하며 종교와 정치는 분리 된다'라고 규정되어 있다. 군인복무규율 제30조에는 '지휘관은 부대의 임무수행에 지장이 없는 범위 안에서 개인의 종교활동을 보장하여야 한다'라고 되어 있다. 그럼에도 불구하고 바쁜 부대의 업무 혹은 교육 목적으로 장병들의 종교활동을 제한하는 경우가 자주 발생한다.

사생활 침해

업무상의 내무검사는 규정에 의거 실시하도록 되어 있다. 그러나 개인의 사행활을 침해하는 내무검사는 실시할 수 없게 되어 있다. 아울러 군인복무규율 제38조와 형법 제316조에 의하면 타인의 편지를 몰래 뜯어 보는 것을 법으로 처벌하고 있으며, 타인의 e-mail을 몰래 읽는 것도 역시 법으로 금지하고 있다. 따라서 간부 또는 지휘관이라고 해도 당사자의 동의없이 내무검사, 보안검사 등을 이유로 부하 개인의 숙소나 사무실에 불쑥 들어가거나 서랍을 뒤지는 등의 행위는 타인의 사생활을 침해할 우려가 있는 행의로서 유의해야 한다.

영외거주 간부에 대한 영내대기 및 휴가 제한

영외 거주 간부에게 영내 대기를 시키는 것은 작전, 훈련 등을 위해 불가피한 경우에는 가능하다. 즉 지휘관은 부대임무를 수행함에 있어서 '긴급한 경우' 부대원의 외출과 외박 그리고 휴가를 제한할 수 있다. 그러나 단순 과오 간부의 경우 '긴급한 경우'에 해당하지 않는다. 개정된 육규 189에도 간부 및 상근 예비역에 대한 정직 또는 근신처분을 집행하는 경우에 영외거주자의 출·퇴근은 보장되어야 한다고 명시적으로 보장하고 있다. 따라서 문책의 일환으로 하는 영내대기는 위법하고 이를 명한 지휘관은 경우에 따라 형사처벌 내지는 징계처분을 받을 수 있다.

9.3 한국군내 기본권 관련 인식조사

본 장에서는 한국군 내에서 인권의 문제가 어떻게 다루어지고 있는지, 그리고 장병들은 인권과 관련된 제도나 현실을 어떻게 인식하고 있는지에 대해 알아보고자 한다.

외출 · 외박 규정

헌법과 일반적으로 승인된 국제법에 의거하여 반드시 보장되어야 할 자유권과 관련된 장병 인권의 유형은 사적 지시의 금지, 사생활에 대해 말하기 강요 금지, 공중전화 편지 등을 통한 외부와의 소통 보장 등과 같은 것들이다. 그러나 자유권과 관련하여 가장 대표적인 저해요인은 이동의 자유를 막는 것이다.

휴일에 병사들이 영내에 대기하는 조치는 기본적으로 병사들의 이동의 자유를 침해하는 것으로 볼 수 있다. 그러나 군인으로서 임무를 수행하는 경우, 특히 상존하는 위협세력인 북한군과 대치하고 있는 상황에서 휴일에 병사들이 영내에 대기하는 규정이 문제가 있다고 볼 수는 없다. 휴일에 영내 대기가 임무수행상 불가피하다고 판단되거나 부대를 지휘하는 입장에서 반드시 필요하다고 판단 될 경우에는 당연히 병사들 개개인의 자유권을 침해할 수도 있다. 하지만 이러한 조치들이 단지 지휘관 개인의 지휘안전을 위해 취해진 것이라면 다시 한번 숙고해 보아야 할 사안이 된다.

휴일 기간 동안 영내에 대기하는 사례를 동서독군의 문화 비교에서 소개하였었다. 서독의 경우 군사적 위협의 가능성에 대해 진실된 평가를 내리고 그에 따라 병력의 10%만 비상대기 시키고 나머지 인원에 대해서는 외출 및 외박을 허용하였다. 반면에 동독은 자신들의 부하들에게 서독의 연방군과 연합군이 언제 공격할지 모르기 때문에 그리고 여전히 공격의 가능성이 높기 때문에 전 병력이 비상처럼 상시대기 하되 10~15% 병력은 휴가 및 외출 · 외박을 시행토록 하였다. 한국군의 모습은 어떠한가?

김용주(2005)는 장병들을 대상으로 한 설문조사에서 '휴일이 아닌 평일의 일과시간 이후에 일정한 범위 내에서 인근 마을까지 자유롭게 출입할 수 있도록 허용하는 방안'에 대해 찬반 여부를 질문하였다. 그 결과 응답자의 35.9%가 찬성하였지만 55.4%가 반대하였다. 반대의견은 계급이 높을수록 더 강하였다. 병사들의 평일 외출에 반대하는 경우 그 이유에 대해 질문하였다. 그 결과 가장 높은 응답률은 보인 항목은 '사고발생 가능성이 높기 때문'이라는 것이었다. 다음으로는 병력통제가 어렵다 29.3%, 전투준비 태세 유지가 곤란하다 21.0%, 그리고 병사의 경제적 부담이 가중된다 3.3% 순으로 나타났다. 정말로 장병들이 의식하고 있는 것처럼 병사들이 평일에 외출할 경우 사고발생 가능성이 높을까? 왜 병사들이 외출할 경우 사고발생 가능성이 높다고 생각할까? 정말로 평일 외출이 전투준비 태세 유지에 영향을 미치는 것일까?

통신제한 규정

한국군의 경우 병사들이 군에 입대하는 경우 기본적으로 통신의 자유를 제한받는다. 일단 신병훈련소에 입소할 때 휴대폰을 소지할 수 없으며, 자신의 노트북을 반입할 수 없다. 즉 군에 들어오기 이전에 유지하였던 소셜 네트워크를 군 입대와 더불어 중단해야만 한다. 왜 이러한 조치가 필요하였을까?

신병훈련 기간 중에도 일과가 종료되면 외부와의 전화통화를 허용하는 방안에 대해 어떻게 생각하는지 질문하였다. 그 결과 응답자의 47.1%가 찬성하였으나 41.3%는 반대하였다. 흥미로운 사실은 병사들 스스로도 반대하는 비율이 38%나 되었다는 점이다. 통화제한 조치에 의해 실제적인 어려움을 겪고 있는 병사들 스스로도 반대한다는 의견이 상당수 였다. 반대하는 이유에 대해 문의한 결과, 61.3%의 가장 높은 응답율을 보인 이유는 '병영생활에의 조기적응을 저해하기 때문'이었다. 그 다음으로는 '군인정신 함양을 방해하기 때문'이 27.9%, '훈련부대의 문제점이 대외로 노출 가능하기 때문'이라는 응답이 7.5%를 차지하였다. 일과이후에 전화를 하면 정말로 조기적응에 어려움이 있을까? 그리고 전화통화를 하면 군인정신 함양이 방해되는 것일까? 그 누군가가 이러한 문제를 가지고 실제적으로 검증을 해 보았을까? 일과 이후에 훈련병들이 부모와 통화를 하면 군인정신이 해이해 지고, 병영생활에 적응하기 힘들어 지는 것일까?

종교행사

헌법상에 명시된 종교의 자유는 가급적 장병들의 종교활동을 보장해 주어야 한다는 것 뿐만 아니라 종교를 택하지 않을 수 있는 권리도 보장하고 있다. 따라서 종교를 의무적으로 선택하도록 하거나, 휴일에 종교단체에 의무적으로 참가하도록 조치하는 것 또한 위헌의 소지가 크다. 그러나 지휘관에 따라서 '신앙의 전력화'를 신봉하고 이를 부하에게 권유 내지는 강요하는 사례가 있으며, 신앙생활은 해로운 것을 주는 것이 아니라 단 한 가지라도 인생에 도움이 되는 말씀을 전해주는 것인 만큼 인성교육에도 도움이 된다는 측면에서 종교활동에의 참여를 강권하거나 제도화하는 경우가 많다.

휴일 종교행사에 의무적으로 참석하게 하는 지휘관의 조치에 대해 어떻게 생각하는가?라고 질문한 결과, 응답자의 21%가 찬성하였으나 62%는 반대하였다. 이 사안에 대해서는 계급에 따른 차이가 관찰되지 않고 거의 유사한 수준을 보여주었다.

대표병 제도

독일 연방군의 경우 계급별 대표제를 운영하고 있다. 각 계급별로 대표자를 선임하고, 대표자 주관으로 계급별 협의회를 주기적으로 실시토록 규정하고 있다. 아울러 지휘관은 각 계급별 대표자들과 정기적으로 대화의 기회를 갖도록 규정으로 명문화하였다. 이로서 군 내부적으로도 지휘계선을 통해서 이루어질 수 없는 건의사항이나 고충 등이 상부로 전해질 수 있도록 시스템을 구축하고 있다.

우리는 이에 대해 어떻게 생각하고 있을까? 그래서 장병들에게 질문을 던져보았다. 그 결과 찬성은 58.8%, 반대가 18.1%, 그리고 중립적인 의견이 26.0%로 나타났다. 반대의 경우 그 주된 이유에 대해 물어본 결과, 36.8%의 응답자가 '지휘체계의 문란 가능성'을 선택하였으며, '계급별 집단화로 인한 단결 저해'가 27.8%, '편안함을 추구하기 위한 수단으로 활용될 가능성이 높다'는 의견이 23.9%를 차지하였다.

기본권 침해 유형별 분석

친인권적 리더십을 다룬 고재원과 김용주(2008)의 연구에서는 인권과 지휘권간의 관계를 검토하는 과정에서 각 종 기본권들의 침해 여부가 설문을 통하여 조사되었다. 설문에 대한 응답은 5점 척도를 활용하였으며, 침해여부가 많은 경우 5점을 없는 경우 1점을 부여토록 하였다.

병사들의 자유권과 관련된 항목에서 대부분의 응답들은 평균이하의 수준으로 나타났으나, 종교행사 의무참석 강요, 병 동아리 활동 의무참석 강요, 장병 홈피에 실린 사진/글 검열, 동의 없이 병사 수양록 열람 등은 평균이상의 수준으로 나타났다. 군별 차이도 관찰되었다. 공군 병사들의 자유권 제한이 가장 적었으며, 지원병보다는 징집병이 대다수를 차지하는 육군에서 자유권의 제한이 상대적으로 가장 빈번하였다.

간부들의 자유권 침해 여부에 응답 결과는 병사들보다 훨씬 더 부정적인 것으로 나타났다. 간부의 자율시간에 대한 통제, 간부의 채무내용을 파악하도록 지시, 간부에 대한 의무 영내생활 지시, 연내 숙소 귀가시간 통제 등에 있어서 침해되었다는 의견이 평균이상으로 나타났다. 이러한 결과는 한국군에서 기본권 침해의 문제를 통상적으로 병사들에 한정하여 바라보는 시각에 문제가 많음을 시사해주고 있다. 오히려 병사들보다도 간부들의 기본권 침해수준이 더 높게 나타나고 있기 때문에 간부들의 기본권 보장에 대한 노력이 더 우선적으로 이루어져야 할 것이다.

자유권과는 달리 평등권과 관련된 항목들에서는 침해여부가 상대적으로 적게 나타났다. 처벌, 포상, 업무평가 등에서의 공정성에 대한 평가가 대체적으로 평균이하의 수준으로 나타났다.

　생존권 내지는 사회권과 관련된 문항들에 대한 응답을 보면 자유권이나 평등권보다 훨씬 더 부정적으로 나타났다. 여기에서는 구타, 가혹행위, 언어폭력, 식사, 보급품, 주거환경, 의료접근권, 휴식권 등에 대해 침해여부가 질문되었는데, 대부분의 항목에서 높은 값을 보여주었다. 화장실/샤워시설이 열악하고, 의료시설이나 도구지원이 부족하고, 문화시설 및 공간이 부족하고, 강압식 복종을 요구하고, 막무가내식의 밀어붙이기 등이 상대적으로 큰 값을 보였다. 즉 침해 정도가 심하였다. 생존권(사회권)의 침해여부는 병사들보다 간부들에게서 더 심각하게 관찰되었다. 간부의 경우 강압적인 복종을 요구한다던가, 욕설과 막말을 하고, 막무가내로 밀어붙이기도 하며, 야근을 당연하게 생각하고 개인의 사와는 무관하게 휴일 출근을 강요하는 경우가 자주 있는 것으로 조사되었다.

　지금까지 제시된 사례들을 고려할 때 한국군에서 지휘권과 인권의 관계가 어떻게 설정되어 있다고 보아야 할 것인가? 지휘권이 과도하게 작용하여 개인의 기본권이 제대로 보장을 받지 못하고 있는 것인가? 아니면 어느 정도 균형을 이루고 있다고 보아야 하는가? 독일 연방군의 경우, 가급적 시민으로서의 기본권을 최대한 보장하되 전투원으로서의 임무수행상 불가피한 경우에 한하여 기본권을 한시적으로 제한할 수 있으며 지휘관은 상황이 해제되는 경우 가급적 빠른 시일 내에 원래의 상태를 유지토록 노력해야 한다는 것을 강조한다. 한국군에서도 이러한 개념에 의해 부대가 지휘되고 있는가?

9.4 기본권과 지휘권의 조화

기본권 침해의 원인

군에서 기본권 보호와 지휘권 행사는 어떤 관계를 유지해야 하는가? 고재원과 김용주(2008)의 연구에서는 장교들에게 '인권보호와 지휘권은 상충될 수 밖에 없다'라는 항목에 대해 의견을 물어보았다. 그 결과, '그렇다'라는 응답은 21.6%였으며, '아니다'라는 응답은 42.8%이었다. 중립적인 의견은 34.6%로 나타났다. 즉 응답자들 중에서 대략 과반수 정도가 기본권 보호와 지휘권 행사를 양립가능한 관계로 상정하고 있다는 것을 알 수 있다. 상사와 동료들이 기본권 보호의 중요성에 대해서 깊이 인식하고 있는가?라는 질문에 대하여 응답자의 과반수 정도가 '그렇다'라고 응답하였다. 또한 응답자 본인들은 기본권 보호가 중요하다고 생각하는가?라는 질문에 대해 응답자의 69.5%가 '그렇다'라고 응답하였다.

이러한 응답결과들을 종합해 보면, 군 구성원들 스스로는 전반적으로 기본권 보호가 중요하다고 생각하며, 기본권 보호가 지휘권과 조화를 이룰 수 있다는 확신을 갖고 있는 것으로 판단된다. 군의 기본권 보호 노력의 정도가 민간사회의 노력과 대비하여 %값으로 응답하도록 요구한 문항에 대해서 전체적으로 '현재 군이 민간사회 대비 86.4% 수준의 노력을 기울이고 있다'고 평가하였다.

그렇다면 한국군에서 기본권의 보호가 충분하게 이루어지지 않는 이유는 무엇일까? 여기에는 관행과 불안 및 염려로 인하여 기본권을 보호하는 지휘행동이 전사적인 기질을 약하게 하고 군의 기강을 흔드는 것으로 인식하여 기본권 보호에 소홀하거나 도외시하는 지휘행동을 보일 수 있다. 고재원과 김용주는 군내에서 인권의 중요성을 망각하게 하는 주요 원인이 무엇인지를 분석하기 위하여 7개의 잠정적인 원인들을 제공하고 그 중에서 3개를 선택해 보도록 응답자들에게 요구하였다. 그 결과 가장 많은 응답자들이 동의한 기본권 침해 발생의 원인은 바로 '희생을 강조하는 군대문화'였다. 그 다음으로는 '업무의 시급성'과 '과도한 지휘관의 지휘책임 문책'이었다. 이 3가지 항목은 절반 이상의 응답자들이 그것을 원인으로 지목하였다. 나머지 원인들을 순서대로 나열하면, '상급부대 요구의 중요성', '지휘관의 자기중심적 성향', '인권 중요성 인식 부족', '부대간 과도한 경쟁' 순이었다.

이러한 결과들을 종합하여 보면, 군내의 지휘관이나 장교들이 기본권 보호의 중요성은 비교적 잘 인식하고 있으나, '희생을 강조하는 군대문화'와 '업무의 시급성' 때문에, 거기에 더해서 사고발생시 '지휘관에 대해 과도하게 사고책임을 문책'하는 조직의 문화 때문에 기본권 침해가 발생하고 있다는 사실이다. 이러한 사실들은 군내 기본권을 보장하려는 노력이 예하 지휘관들을 계몽하고 문책하는 미시적 수준에서의 노력보다는 거시적 수준에서의 군대문화 개선이나 업무제도의 개선이 더 선행되어야만 그 결실을 맺을 수 있을 것이라는 점을 시사해준다.

'희생'에 대한 재인식

개인의 기본권과 지휘권이 조화를 이루게 하는 방안은 무엇일까? 달리 표현하여 '친인권적인 지휘'를 정착시키는 방안은 무엇일까? 그 해답은 앞에서 기본권 침해 원인으로 언급된 사안들에 대해 대안을 고려하는 것도 한 방법일 것이다.

우리는 기본권 침해의 가장 큰 원인이 '희생을 강조하는 군대문화'라고 언급하였다. 그런데 우리는 지휘관의 정신교육이나 정훈교육과정에서 군인에게는 '희생과 봉사'의 마음자세가 중요하다는 것을 강조한다. 누가 들어도 '희생과 봉사'라는 단어는 아름답고 좋은 말이다. 그러나 무조건적인 희생과 봉사를 강요하는 것은 현실적이지 못하며, 동기유발 차원에서도 바람직하지 않은 요구이다.

직업군인이 일반 사회인과 구분되는 여러 가지 특징들 중 하나가 바로 국가에 대한 헌신이다. 그런데 직업군인으로서 헌신은 '국가의 위난이나 군이 필요한 시점에 임무를 수행하는 과정에서 목숨까지도 기꺼이 내놓을 마음의 준비가 된 군인'이라는 것이 포함되어 있다. 그렇다고 해서 평상시 생활 속에서 매사를 희생하고 헌신하라는 의미는 아니다. 헌신이 일 방향으로 만 이루어진다면 헌신의 힘은 약해지게 된다. 직업군인은 국가와 군에 헌신하고, 국가와 군은 직업군인에게 상응하는 보상을 제공하는 상보적인 관계가 이루어져야 한다. 결국 희생을 요구하는 것에 상응하여 기본권을 최대한 보장해 주는 문화로 발전되어 가야 한다.

다음은 군인의 정체성에 대한 인식변화이다. 군인은 절대 복종을 생명으로 여기는 존재이며, 군인 신분은 일반 시민과 다르게 더 많은 헌신이 요구되며 일반 시민으로서의 권리는 제한되어야 한다는 생각을 바꾸어야 한다. 병사는 '전투원으로서의 임무수행', '사회적 책임', 그리고 '시민으로서의 기본권'을 보장받는 존재로 여기어져야 한다.

무한 지휘책임

사고발생시 해당 부대 지휘관에 대하여 과도한 책임을 추궁하는 경우 나타날 수 있는 폐단을 무엇일까? 아마도 가장 뚜렷한 움직임은 사고위험성을 내포하거나 사고위험성이 높은 모든 활동을 통제하는 지휘방식이 보편화된다는 것이다. 한국군의 경우도 이러한 움직임 속에 있다고 보아야 할 것이다.

휴가 중에 일어나는 사고에 대해서 지휘책임을 부가하지 않는다고 하면, 현재 병사들이 휴가 중에 매일 매일 부대에 안전귀가 여부를 보고하고 부대에 복귀하는 순간순간 마다 이상 없이 복귀 중이라는 신고를 하지 않아도 될 것이다. 휴가 중 운전으로 인한 사고시 지휘책임을 묻지 않는다면 군이 병사들이 휴가 중에 자가용을 운전하는 행위를 금지시키지도 않을 것이다.

장병 개개인들이 민주시민으로서 '권리'를 보장받는 대신에 그에 상응하는 '책임'이 부여된다는 사실을 인식시켜가는 방향으로 바뀌어야 할 것이다. 즉 일과 후 외출이나 기타 형태의 기본권을 보장해주는 대신에 책임도 부과하여야 한다는 점이다. 지휘관의 '무한 책임'이라는 슬로건은 언필칭 매우 매력적이나, 이러한 매력이 갖는 부작용 또한 심각하게 고려되어야 한다.

전면통제 부분허용, 전면허용 부분통제

과거에 군대는 '국가속의 또 하나의 국가'라는 성격을 갖고 있었기 때문에 군대는 일반 사회의 문화와 전혀 다른 독특한 군대문화를 형성하게 되었다. 기본권이라는 개념조차 허용되지 않은 시절에는 군에 입대함과 동시에 시민에게 부여된 모든 기본권을 군에 반납하였다. 군에 들어서기 이전에 형성되었던 교육경험, 생활경험 등 모든 것을 백지화시키는 전입훈련을 거쳐 군인으로서 새롭게 탄생한다고 보았다. 군인은 일반 시민과 전혀 다른 존재가 되어야 한다고 생각하였고, 또 그것을 강요하였다. 이런 시절에 통용되던 규정을 보면 '전면 통제, 부분 허용'의 개념으로 작동되었다. 즉 군에 들어서면서 시민적 권리가 모두 통제되고, 지휘관의 판단에 의거 조금씩 조금씩 부분적으로만 허용되었다. 입대하는 순간 모든 이동의 자유가 박탈되어 평일은 물론이요 휴일에도 부대를 이탈할 수 없다. 입대하는 순간 모든 통신네트워크로부터 차단되어 일체의 정보를 공유할 수 없게 된다. 지휘관이 허용하는 범위 내에서, 아니면 특출한 성과를 보일 경우 이에 대한 보상의 차원에서 부모님과의 통화를 허락 받아 매우 짧게 대화를 나누면서 눈물을 흘렸다. 군에 입대하면서 운전면허증을 모두 반납하게 하여 운전병을 제외한 나머지 모든 병사들이 일체 운전행위를 하지 못하게 하였다. 사관학교에서 양성되는 생도들도 사관학교 입학과 함께 학교의 입출입이 통제되며, 학년에 따라 외출과 외박일자가 다르게 허용되고 있다. 교육기관은 특별한 비상대기나 전투준비와 무관함에도 불구하고 다른 야전부대와의 형평성이라는 이유만으로, 또는 사관생도 교육을 목적으로 일과이후의 시간을 통제하여 왔다. 이러한 문화속에서 구성원들은 일부 불만과 불평이 있으나 세상의 모든 군대가 다 유사한 문화를 갖고 있으며, 특히 분단상황에 놓여있는 우리나라의 경우 이러한 문화를 당연하게 받아들이고 있다.

그런데 한국과 독일은 동일한 민주주의 국가이며 한국군과 독일 연방군은 민주주의 국가내의 군대라는 점에서 대동소이하다. 유일한 차이라면 한국의 분단상황과 상시 위협적인 북한군과 대치하고 있다는 점이다. 이렇게 보면 독일 연방군의 군대문화도 한국의 군대문화와 유사해야 할 것이다. 그래서 독일 연방군도 한국군과 마찬가지로 '전면 통제, 부분 허용'이라는 개념이 지배해야 한다.

그러나 독일 연방군을 지배하는 개념은 '전면 통제, 부분 허용'이 아니라 '전면 허용, 부분 통제'의 개념이다. 즉 군인은 '제복을 입은 국민'이기 때문에 군에 들어섰다 하더라도 시민으로서의 기본권을 보호받아야 한다고 보는 것이다. 그래서 군에 있다 하더라도 시민에게 부여된 모든 권리가 가능한 온전하게 허용되어야 하며 임무수행상 불가피한 경우에 한하여 일시적으로 제한된다고 본다. 이러한 개념이 바로 '전면 허용, 부분 통제'의 개념이다. 이러한 개념에 따라서 일과이후 시간을 통제한다면, 일단 평일과 휴일에 일과가 종료되고 난 후에는 비상근무자를 제외한 전 장병들이 자유롭게 부대를 출입할 수 있어야 한다. 통신의 자유도 있어야 하며, 교육시간을 제외한 시간에는 통신을 할 수 있도록 시설과 행동이 허용되어야 한다. 그러나 부대가 훈련중이거나 또는 특수 임무를 수행하고 있는 경우에는 이러한 기본권 보장이 일시적으로 제한될 수 있다.

그렇다면 한국군은 지금 '전면 통제, 부분 허용'이라는 개념의 지배를 받고 있는가? 아니면 '전면 허용, 부분 통제'라는 개념의 지배를 받고 있는가? 아마도 우리는 양자의 중간지점에 위치한다고 보는 것이 가장 정확할 것이다. 그리고 앞으로 가야할 길은 바로 '전면 허용, 부분 통제'의 개념이 지배하는 군대문화의 창달일 것이다.

제10장
한국적 지휘개념 발전을 위한 제언

지금까지 우리는 독일 연방군을 이끄는 양대 지휘개념인 '내적지휘'와 '임무형 지휘'에 대해 살펴보았으며,『제복은 입은 시민』의 군대를 모델로 삼아 한국군의 현실을 분석하고, 개인의 기본권과 지휘권 간의 관계가 어떻게 유지되고 있는지에 대하여 고찰하였다. 그 결과 독일 연방군의 지휘개념을 잠정적으로는 우리가 앞으로 추구해 나가야 할 지표로 설정하였다. 그렇지만 독일의 여건과 한국이 처한 여건이 동일하지 않기 때문에 독일 연방군의 개념들을 여과하지 않은 채 그대로 수용할 수는 없을 것이며, 그 보다는 한국의 실정과 문화에 맞추어 가장 효율적인 방안들을 모색하여야 할 것이다. 이를 위해 본 장에서는 한국군의 문화에 대해 비판적인 해석과 더불어 문제의 원인에 대해 살펴 본 다음, 향후 어떤 방식과 방향으로 한국적 지휘개념을 설정해 나가야 할 것인지에 대해 논의하고자 한다.

10.1 현상 진단

군에서 기본권이 침해되는 사례는 과거에도 있었으나 사회적 이슈가 되지 못하였다. 그러나 인터넷이 생활화 되고 사회가 인권에 대한 의식이 강해지면서부터 군 내부에서 발생한 기본권 침해사례들이 국민적 관심사가 되었다. 2005년도에 논산훈련소에서 발생하였던 인분사건은 그 대표적인 사례라고 볼 수 있다. 흔히 이러한 기본권 침해는 장교와 병사 간에만 발생하는 문제라고 생각한다. 그러나 기본권 침해는 장교단 내에서도 그리고 병사들 자체에서도 발생하고 있다. 이러한현상은 해결방안이 단순히 하나의 사건을 처리하는 수준에서 이루어지기보다는 군대문화 차원에서 근본적인 대책이 강구될 것을 요구한다.

조승옥 등(2002)은 한국군 군대문화에 상존하고 있는 구시대적이고 비민주적인 관행들로, 리더십 보다는 강압에 의존하는 풍토, 엄벌주의와 피동적 복종, 권위주의와 맹종, 광범위한 통제와 규제, 잘못된 계급질서 의식, 고참병 횡포, 각종 구타와 가혹행위, 인권의식 부족과 인명경시풍조, 형식과 외면의 강조, 단기 업적주의와 반복된 시행착오, "하면 된다"는 구호 아래 수단과 방법을 무시한 밀어붙이기식 업무추진, 경직된 병영생활 분위기 등을 언급하였다. 물론 10여년이 지난 지금에 와서 병영문화 개선 등 다양한 변화의 노력을 통하여 이들 중 일부는 상당부분 개선되기도 하였으나 여전히 이들의 흔적이 남아있다.

김동식(2003)은 미래전 수행을 위한 육군문화 발전방안 연구에서 육군문화의 현 실태에 대해 설문조사를 실시한 결과 다음과 같은 결과를 얻었다. 육군의 조직문화가 보수적이다(응답자의 85%가 긍정), 상명하복의 엄격한 위계질서를 갖추고 있다(75% 긍정), 상관의 권위와 통제가 막대하다(82% 긍정), 합리적으로 운영되고 있다(18% 긍정), 개인의 인격과 가치가 존중되고 있다(30% 긍정), 지휘권이 독선적으로 행사되고 있다(47% 긍정), 권한과 책임의 위임이 거의 없이 대체로 피동적으로 업무가 수행된다(54% 긍정). 이 또한 10여 년 전에 조사된 결과이기는 하나, 우리의 군대문화가 보수적이고 권위적이며 개인에 대한 존중의식이 약한 모습에서 완전히 벗어났다고 볼 수는 없다.

병영문화개선 대책위원회(2005)가 제시한 선진병영문화 VISION에 제시한 한국군의 현상 분석을 보면, 사회와 병영의 문화적 괴리감이 존재한다고 되어 있다. 인권보다는 임무를 우선시 하고 권위주의의 일부가 잔존하며, 기성세대와 신세대간의 의식이 부조화를 이루고, 사회의 발전 속도와 대비하여 병영의 환경이 낙후하다는 내용이었다. 또한 국민적 공감대와 신뢰 확보 노력이 부족하다는 지적이 있었다. 적극적으로 군을 개방하려는 노력이 미흡하고, 군 복무간 목표의식이 부재하며 사회와 단절을 해소하려는 노력이 부족하다는 문제를 제기하였다. 아울러 문제를 인식하고 이를 근본적으로 해결하려고 하기 보다는 단기적인 현상조치 위주로 처리함으로써 다시 나타날 수 있는 여지를 남기고 있다는 지적을 하였다.

일부에서는 군 정체성에 대한 논의와 개념 정립이 미흡하다는 문제를 제기하였다. 한 국회의원은 국방부에 서면 질의를 통하여 "시대변화에 따른 군의 정체성 재정립을 위해 새로운 정훈 교육 프로그램을 마련해야 하는 시대적 요구에 직면해 있다"고 하면서 정신교육의 개선을 요구하였다. 이러한 논의는 역사적 경험과 시대적 상황에 부응하여 군의 역할과 임무를 수정하는 노력보다는 "임전필승"이라는 고유의 임무에 지나치게 고착된 상태에서 비롯되었다고 볼 수 있다.

여러 가지 현상들을 종합적으로 살펴보면 다음과 같은 평가를 내릴 수 있다. 첫째, 시대에 뒤떨어진 군대문화로 인하여 장병의 기본권 침해 및 대군 신뢰도를 저하시키는 사고가 빈번하게 발생하고 있다. 둘째, 군대 내에 민주주의적 가치가 구현되어야 한다는 주장이 오래 전부터 제기되어 왔지만 여전히 충분하게 구현되지 못하고 있다. 셋째, 시대 상황에 부응하는 군 정체성과 핵심가치가 불명확하고, 군 구성원 전체에게 공유되지 않음으로서 군심이 와해되고 분열되는 현상을 초래하고 있다. 넷째, 군대 내의 정신전력 강화를 위한 제반 노력들이 통합된 목표를 지향하지 못하고, 각기 개별적으로 운영됨에 따라 노력의 효율성과 효과성이 떨어지고 있다.

이러한 현상들은 현재 한국군으로 하여금 패러다임의 전환을 요구한다고 볼 수 있다. 패러다임 전환에서 가장 우선적으로 해결해야 할 과제는 시대변화에 따른 군의 정체성을 명확하게 정립하고 이에 근거하여 군의 핵심가치를 결정하는 문제이다. 핵심가치가 설정되고 난 다음에서야 정신교육이나 리더십 교육과 같은 하위 영역에서의 변화 또는 개선 방향을 잡을 수 있다.

10.2 군 정체성의 의미와 설정방향

군의 정체성은 군 구성원들이 공유하는 군과 개인의 존재가치에 대한 신념이다. 이는 의식적 또는 무의식적으로 작용하여 조직자체와 그 환경에 대한 견해를 당연하도록 정의해주며, 군대문화의 세 영역인 신념과 가치관, 의식과 태도, 그리고 행동양식의 기본 전제가 된다.

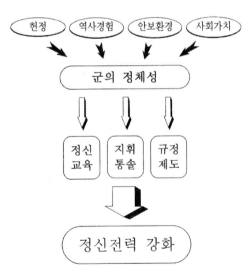

〈그림 10.1〉 군 정체성과 정신전력의 관계

군의 정체성은 〈그림 10.1〉과 같이 역사적 경험과 안보환경 그리고 헌정질서와 사회적 가치 등에 의해 결정되어 진다. 이렇게 결정된 정체성과 핵심가치는 군에서 이루어지는 정신교육의 목적과 방향, 지휘통솔의 유형, 하위 규정과 제도 등에 영향을 준다.

그렇다면 한국군의 정체성은 어떤 모습이어야 하는가? 한국군의 정체성을 고려할 때 가장 먼저 떠오르는 개념은 누가 생각하더라도 '반공이념'이다. 역사적으로 '반공', '멸공', '승공' 등 조금씩 상이한 표현과 형태로 강조되어 왔지만, 본질적인 이념은 '반공'이다. 그러나 반공만을 생각하는 것은 군의 존재가치를 '무엇에 대항(Against What!)' 한다는 개념에 한정하여 설정하는 것과 같다. 무엇에 대항한다는 개념만으로 존재가치를 설정할 경우 한계는 대항해야 할 적이 없을 경우이다. 문민정부가 들어서면서 한 때는 북한과의 친화적인 정책을 정부가 앞장서서 추진한 적이 있다. 그러자 반공, 즉 북한군에 대항하는 것만을 주장해 온 군의 입장에서는 존재 의미가 없어지는 듯한 정체성 혼미를 경험하게 되었으며, 일반 시민의 경우에도 이러한 견해를 내놓는 경우가 있었다. 이러한 문제점을 해결하는 방법은 반공이념 뿐만아니라 대한민국의 국가 이념인 "민주주의의 수호"에 대한 개념을 함께 고려해야 한다. 즉 무엇에 대항하기 위해(Against What!) 존재하는 것이 아니라 "무엇을 지키기 위해(For What!)" 존재한다는 개념이 더 중시되어야 한다. 이렇게 될 경우 우리의 것을 위협하는 대상은 모두가 우리의 잠재적이거나 실제적인 적이 된다. 이것이 곧 포괄적 적 개념의 근간이다.

정체성과 관련된 두 번째 개념은 군과 사회의 연계성이다. 과거의 군대가 '국가 속의 또 하나의 국가"라는 개념으로 운영되었다고 하면, 민주주의 국가의 군대는 "제복은 입은 시민"의 군대가 되어야 한다. 군대는 국가 내에 존재하는 별도의 특별한 조직이 아니라, 다른 조직과 유사하게 사회의 한 조직으로 존재한다. 연계성의 방식은 문민통치를 의미하며, 구성원들에게 시민으로서 부여된 기본권이 그대로 유지되어야 한다는 것을 의미한다. 이는 민주시민적 가치가 군대문화와 조화를 이루어야 한다는 의미와 같으며, 일종의 "허용속의 제한"이라는 개념이다.

한국군에서 민주주의에 대하여 대외적으로 언급한 것은 최근의 일이 아니다. 1966년 국군의 이념을 보면, "대한민국 국군은 민주주의를 수호하며, 평화를 유지하고 국가를 방위하기 위하여 국민의 자제로서 이루어진 국민의 군대이다"라고 적혀있다. 1991년 국군의 이념은 "국군은 국민의 군대로서 국가를 방위하고 자유민주주의를 수호하며 조국의 통일에 이바지함을 그 이념으로 한다"는 것을 적시하고 있으며, 현행 군인 복무규율에도 명시되어 있다. 이것은 군대문화에 시민문화가 조화를 이루어야 한다는 주장의 근거를 제시해 준다. 아울러 군의 제반 법규와 규정 그리고 지휘관의 지휘행동은 헌정질서 속에서 이루어져야 하며, 합리적인 명분이 서지 않는 한 어떠한 경우에도 기본권의 침해가 허용되어서는 안된다는 것을 의미한다.

지금까지 문서상으로 그리고 외형적으로 군이 민주주의를 수호하고, 민주주의적 가치를 존중하며 민주주의적 가치를 구현한다고 언급하여 왔으나, 실제 생활 속에 구현되고 실천되는 현상을 직시해 보면 상당부분 일치하지 않고 있다는 것을 알 수 있다. 또 한 가지 매우 염려스러운 움직임은 민주시민적 가치를 강조하면서 민주주의를 일 방향적인 목적으로 인용하는 것이다. 군 부대를 대상으로 민주주의적 가치에 대한 특별강연을 하는 강사의 주장이 병사들로 하여금 민주시민으로서 책임감만을 강조하는 것이라면 이는 잘못된 것이다. 책임을 부과하는 것과 동시에 권리를 보장해줘야 한다는 개념이 함께 언급되어야 한다. 지금까지 한국군에서 강조되어 온 것이 '민주시민으로서의 책임의식'이었다면 상대적으로 소홀하게 다루어져 오고 반영된 것은 바로 '민주시민으로서의 권리'이다. 즉 군대가 구성원들에게 무엇을 해주어야 하는가에 대한 논의보다는 구성원들이 군을 위해 무엇을 할 것인가에 대해서만 논의해 왔다는 의미이다. 이제는 군과 구성원의 관계는 일방향적인 요구의 관계가 아니라 쌍방향적인 요구관계가 유지되어야 한다.

10.3 한국군 정신교육 발전방안

현상 진단

군의 정신교육은 정신전력 육성의 핵심적인 활동으로서 명확한 목적 하에 운영되어야 한다. 그런데 한국군에서는 군의 정체성이나 공유가치에 대한 논의가 거의 이루어지지 않다 보니, 정신교육이 공유된 목적 하에 운영되지 못하고 그때그때 지휘부가 강조하는 방향에 의해 내용이 변화되어 왔다.

국군 창군기에 군 정신교육은 매우 미진한 상태였으며, 애국애족과 선무활동 중심으로 전개되었다. 6 · 25 한국 전쟁기간 동안에는 공산주의 침략과 죄악상을 밝히고 국방의무를 적극 이행하며 군무이탈과 병역기피를 막는 교육이 실시되었다. 6 · 26 한국전쟁을 거치고 50년대 후반에 들어서면서 교육체계가 어느 정도 정립되었다. 이때에는 지휘관에 의한 정신교육을 통하여 군인정신과 기본 정신자세를 교육하였으며, 기본 정신교육을 통하여 장병들의 사상을 선도하고 국가관을 확립시켰다. 근대화 시기인 60년대에는 멸공사상, 군인의 사생관 확립, 전쟁목적 주지 등에 중점을 두고 공산주의 비판과 국가의 목표 및 정부시책을 주입시키는 교육을 시행하였다. 70년대에는 북한의 위협에 대한 교육과 더불어 멸공교육, 역사교육, 유신교육, 정부시책교육 등을 실시하였다. 80년대에는 반공교육과 더불어 좌경사상을 비판하는 이념교육이 강화되고, 투철한 군인정신의 함양과 확고한 대적관 교육이 강조되었다. 90년대에는 대적관과 통일관에 대한 교육이 확대되고 형식적이나마 민주시민에 대한 논의가 새롭게 부각되었으며 인성교육과 충 · 효 · 예 교육이 추가되기도 하였다. 90년대 후반에 들어서서 남북한의 화해무드는 통일교육과 반공교육의 부조화 문제를 유발하였다. 90년대 후반부터 지금에 이르기까지 정신교육은 정신전력의 4대 요소를 육성하는 활동으로서 국가관, 안보관, 군인정신을 주된 내용으로 설정하고 있다(최광현, 이종현, 조관호, 김인국, 2000).

이상의 내용들을 종합해 보면, 궁극적으로는 "무엇에 대항하기 위한 (Against What)" 개념을 지향하고 있다고 볼 수 있다. 여기에는 왜 이러한 교육이 필요한가에 대한 논의를 찾아보기 어렵다. 예로서 군인복무규율에 국군의 이념은 "국군은 국민의 군대로서 국가를 방위하고 자유민주주의를 수호하며 조국의 통일에 이바지함을 그 이념으로 한다"라고 명시되어 있다. 그렇다면 군 정신교육은 가급적 군인복무규율에서 추구하는 이념을 구현하는 방향으로 운영되어야 하며, 이러한 논리에 따르면 정신교육의 영역이 현재와 같이 국가관, 안보관, 군인정신에 국한되기 보다는 더 넓게 확장되어야 한다. 특히 민주주의 국가의 군대, 국민의 군대를 지향한다는 개념 하에서는 반공주의 교육만을 추구하기 보다는 민주주의에 대한 실천적 반성도 함께 지향되어야 한다. 이처럼 현 정신교육의 내용이 "무엇에 대항하기 위한" 개념으로 제한될 수 밖에 없었던 근원은 바로 정신교육의 목적을 상위개념과 연계하여 신념화하는 과정이 허술하기 때문이다.

한국군과 달리 선진국 군에서 운용되는 정신교육은 명확한 목적이 설정되고 그에 따라 정신교육의 목표와 내용이 달라지는 방식으로 운영되고 있다. 독일 연방군의 경우 개인적 가치와 조직적 가치를 조화시킨 "제복은 입은 시민"이라는 슬로건을 구현하기 위해 군 정신교육의 목적이 군 구성원에게 군사적 활동의 정당성을 인식시키고 군과 사회를 연계시키며, 군사적 활동이 동기화의 원리에 기초하고 법과 규정에 따른 내적 질서를 유지시키는 데에 있음을 명시하고, 이를 위해 정치교육, 지휘통솔교육, 법규교육, 복지교육 등 10대 영역에 대한 교육을 실시하고 있다(김용주, 신인호, 2007). 미군의 경우에는 정신교육의 임무를 스스로 판단하고 행동으로 실천할 수 있도록 하는 데에 두고 있다. 대만의 경우에는 국가 이념인 '삼민주주의'를 지도이념으로 설정하고 교육영역을 부대단결, 심리전, 문화선전, 정치교육, 선무공작 등 부대활동으로 전 분야로 확대하여 실시하고 있다.[27]

현재 정신전력의 구성요소를 미리 설정해 놓고, 정신교육이 이를 충족시켜주기 위해 존재하는 것으로 간주하고 있는 한국군의 정신교육은 교육영역이 한정되어 버리는 문제점을 안고 있다. 따라서 시대상을 반영한 합목적적인 정신교육으로 거듭나기 위해서는 우선적으로 군의 정체성과 핵심공유가치를 설정하는 노력이 이루어져야 한다. 정신교육은 리더십과 함께 군의 정체성을 확립하고 보전하기 위한 수단이며, 정신전력은 이를 통하여 얻어지는 결과물이다.

발전 방안

선진국의 사례와 우리의 현실적 여건을 고려할 때 우리 군의 정신교육은 다음과 같은 목적을 구현하는 방향으로 설정되어야 한다. 첫째, 정신교육 활동은 제반 군사적 활동의 정당성을 인식시키는 데 기여한다. 둘째 분단상황을 고려하여 '무엇에 대해 대항하는 개념(Against What)'과 더불어 민주주의 가치를 수호한다는 의미에서 '무엇을 지키기 위한 개념(For What)'을 도입해야 한다. 셋째, 조직차원과 더불어 개인차원을 포괄하는 개념을 설정해야 한다. 넷째, 단결을 고취시키는 정신을 포함해야 한다. 이를 종합하여 우리 군의 정신교육은 "군의 존재 목적과 군사적 활동의 정당성을 인식시키고, 역사적 소명의식과 시대정신에 따른 군인화를 통하여 정신전력의 극대화에 기여한다"라는 목적을 구현하도록 설정되어야 한다. 아울러 정신교육의 목표 또한 '군인다운 군인 육성'이라는 슬로건 하에 대적필승의 대적관과 군인정신 무장(Against what), 확고

---

27) 유명덕, 김경규, 남봉균, 제정관, 한용섭, 이민수. (2006). 선진국 군 정신교육 사례연구를 통한 장병 정신교육 발전방안. 국방대학교 77쪽~147쪽.

한 안보의식과 민주시민의식 정립(For What), 명확한 역사관과 건전한 가치관 정립(For me)으로 설정되어야 할 것이다.

정신교육의 목적이 구체화되면 정신교육의 영역에서도 변화가 이루어져야 한다. 현재 정신교육(정훈교육)의 목표는 군인다운 군인을 육성하는 것이며, 세부적으로는 필승의 대적관 확립 및 군인정신 무장, 확고한 안보의식 및 역사관 정립 그리고 건전한 국가관 및 민주시민의식 정립에 있다. 이를 보면 정신교육이 정신전력 육성의 중심적 활동이라고 설정하였음에도 불구하고 실제로는 정신전력의 구성요소들과 정신교육을 통하여 추구하는 요소들이 상당부분 상이하다는 것을 알 수 있다. 그렇다면 현행 정신교육에서 중점적으로 다루는 국가관, 안보관, 역사관, 대적관, 민주시민의식 등의 근거는 어디에 있는가? 결과적으로 정신전력을 구성하는 4대 요소의 적절성 여부를 고려하지 않는다 하더라도, 현재의 정신교육은 정신전력 강화를 위한 활동으로서 부분적인 역할만을 수행하고 있다고 평가될 수 있다. 앞으로 정신교육의 범위는 정신교육의 목적과 목표에 맞추어 지금보다 더 확대되어져야 하며, 정신전력의 개념 또한 새롭게 논의되어야 할 것이다.

선진군 군대의 정신교육에 내재된 공통점을 살펴보면, 먼저 정신교육의 중요성에 대한 인식이 강하고 민주주의 가치의 실현이 강조되고 있으며, 정신교육이 군과 사회의 통합에 기여토록 하고, 지휘관 중심의 교육과 정보제공 중심의 교육방식을 적용하고 있으며, 교육영역이 매우 광범위하다는 것을 알 수 있다. 특히 정신교육의 영역이 특정한 가치영역에 한정된 한국군과는 달리 선진 외국군에서의 정신교육은 군의 모든 업무와 개인의 활동에 이르기까지 전 범위를 대상으로 설정하고 있으며, 군인 개개인의 정신적, 정서적 영역까지도 교육대상 영역으로 포함시키고 있다.

교육내용을 구성하는 방법에 있어서도 공산주의나 여타 위협세력에 대한 직접적인 비판만을 강조하기 보다는 민주주의의 훼손이 초래하게 되는 비참한 현실들을 제시함으로써 간접적으로 민주주의를 수호하기 위한 군사적 활동의 중요성을 인식시켜줄 필요가 있다. 우리 군에서는 지금까지도 군사적 활동의 필요성을 주장하기 위하여 북한의 대남 공작 활동과 잠재적인 군사적 위협을 인식시키려 노력해 오고 있다(직접적 전략). 그러나 이러한 노력들은 정치적인 수단으로 악용되는 등의 학습경험을 통하여 정보에 대한 의구심과 정서적인 거부감을 유발시킴으로써 교육의 효과를 반감시킬 수 있다. 따라서 북한의 대남도발 사례에 대한 다큐형식의 교육과 더불어 가급적 다른 나라의 분쟁상황과 그로 인하여 겪게 되는 국민들의 처절한 고통을 객관적인 입장에서 전달함으로써 국가안보 및 국방의 필요성을 절감하고 이에 적극적으로 동참해야겠다는 인식을 강화시켜 나가야 할 것이다(간접전략). 국방일보 등의 매체에서 평화유지군의 활약상을 홍보하는 것보다 파병 대상 국가의 처참한 현실을 그대로 보여주는 것이 원하는 교육의 효과를 더 증대시킬 수 있다. 이러한 의미에서 현재 대북관 중심으로 구성된 안보관 교육내용에서 주변국의 분쟁실상과 안보환경을 더 확대하는 쪽으로의 변화가 요구된다(김용주, 2011).

10.4 한국군 리더십 교육 발전방안

현상 진단

군의 리더십 교육도 마찬가지 군의 정체성과 핵심가치를 구현하는 방향으로 체계를 갖추고 있어야 한다. 그러나 한국군에서의 리더십 교육이나 연구를 보면 나름대로 발전을 위해 노력을 해 왔으나, 지금까지는 외국 학자들과 미군이 연구 개발한 리더십 이론과 지식을 단순하게 받아들이는 차원에 머물러 있다. 육군의 지휘통솔 교범이 개정되어 온 과정과 현재의 지휘통솔 교범을 분석하면, 한국군 지휘통솔 교육이 미군의 교리에 종속되어 왔다는 것을 알 수 있다. 1960년대부터 1992년까지는 미군 교리를 번역하여 사용해 왔으며, 그 이후에는 미군 교리에 기초한 한국군 지휘통솔 교리를 정립해 왔다. 그럼에도 불구하고 개념적 틀은 여전히 미군의 틀에서 벗어나지 못하고 있는 것이 사실이다.

지금까지의 리더십 교육을 보면 메타리더십에 대한 논의가 부재하다고 볼 수 있다. 지금까지 리더십과 관련하여 군에서 이루어진 모든 노력들이 리더와 구성원 그리고 상황이라는 리더십의 장 내부에서만 이루어져 왔다. 리더가 갖추어야 할 품성, 기술, 그리고 행동은 무엇이며, 계급에 따라 이들 요소들이 어떻게 다르게 요구되는가?라는 문제에 사고가 고착된 것처럼 보인다. 이보다는 군의 정체성과 시대요구에 부응하는 한국군 리더십의 역할에 대한 논의가 부족하고, 민주화 사회, 군의 문민화와 같은 시대변화를 한국군 리더십이 충분히 반영하고 있는지에 대한 검토가 요구된다.

또 다른 문제는 시대적 상황을 분석한 결과가 한국군 리더십의 방향 설정에 고려되기 보다는 리더상의 하위요소를 정당화하거나 새롭게 추가하기 위한 근거로서만 활용되고 있다. 시대상황에 맞추어 한국군 리더십이 어떤 형태로 운영되어야 하는가? 현재 추구하는 리더십 모델이 시대상황을 제대로 반영하고 있는가? 민주주의 국가에서 군 리더십의 역할은 무엇인가? 문민통치 정책하에서 군 리더십의 역할은 무엇인가? 이와 같은 질문에 대한 답이 제시되어야 한다.

또한 시대상황을 충분하게 반영한 핵심가치가 부재하고 또 핵심가치를 공유하려는 노력이 미흡하다는 점이다. 병사에서 장군에 이르기까지 공유해야 하는 군의 핵심가치가 없다. 기존의 핵심가치는 시공에 불변하는 군의 절대적 가치인 '전투에 승리하는 군대'만을 언급하고 있으며, 시대 상황을 고려한 추가적인 가치에 대해서는 매우 제한적이며 형식적으로만 언급하고 있다.

마지막으로 품성에 치중된 리더십 교육의 문제점이다. 교육과 평가가 어려운 품성부분을 지나치게 강조하여 행동화 역량 강화에 대한 관심이 소홀한 면이 있다.

발전 방안

그렇다면 한국군의 리더십 교육 문제를 해결하기 위해서 어떤 방안들이 가능할 것인가? 이에 대해 저자는 우선적으로 다음의 방안들을 제시하고자 한다.

첫 번째 방안은 연역적 접근에 기초하여 리더십 교육체계를 재정립하는 것이다. 한국군의 리더십 교육체계는 귀납적 접근 방식으로 구성된 것으로서 나름대로의 장점이 있지만 결정적인 단점을 갖고 있다. 미군의 지휘통솔 교육체계와 미군에 기초하여 자체적인 특성을 가미한 한국군의 지휘통솔 교육체계는 귀납적 접근방식에 기초하고 있다. 여기서 귀납적 접근방식이란 아래의 〈그림 10.2〉에 제시된 바와 같이 경험에서 얻어진 개별 요소들이 제안되고 이들이 종합되어 최종적인 리더상이 결정되는 방식이다.

이러한 방식의 장점은 경험에 기초함으로 현실적인 설득력을 갖는다.

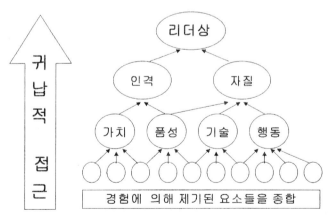

〈그림 10.2〉 귀납적 방식에 의한 리더십 교육내용 구상

그러나 이러한 방식은 먼저 귀납적 방식에 의거 상향식 과정의 완성된 리더십이 시대가 요구하는 것과 전혀 다른 모습으로 발전할 수 있다. 각 요소들의 중요도 식별이 어렵고 리더에게 '만능인' 역할을 요구하는 것과 같다. 또한 다양한 경험만큼 리더상에 요구되는 요소의 수가 증가하게 된다. 이러한 문제점을 해결하는 방법은 〈그림 10.3〉과 같이 연역적 방식에 의해 교육체계를 재정립하는 것이다. 즉 군 정체성에 기초하여 이에 적합한 지휘통솔 철학이 정립되고, 이를 구현할 수 있는 요소들이 선정되어야 한다.

연역적 방식에 의해 교육체계가 정립되는 경우, 메타 리더십의 특성을 반영할 수 있으며, 효율적이고 효과적인 교육내용을 선정할 수 있다. 또한 필수적으로 요구되는 요소들을 중심으로 교육체계를 정립해 나갈 수 있으며, 시행착오의 가능성이 줄일 수 있다. 또한 리더십 교육체계 이외의 다른 교육체계와 연계하기가 용이하고, 군 구성원 모두가 공유할 수 있는 핵심가치를 제공할 수 있다.

두 번째 방안은 "제복을 입은 국민'의 군대를 지향한다고 가정할 때,

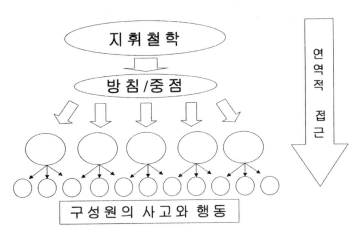

〈그림 10.3〉 연역적 방식에 의한 리더십 교육 내용 구상

리더십이 법적 질서 내에서 발휘되도록 강조하고 교육하는 것이다. 즉 군의 리더도 마찬가지로 사회의 법적 질서를 준수해야 한다는 의식의 교육이 필요하다.

세 번째 방안은 민주주의 국가에서 군 리더의 역할을 새롭게 정립하는 것이다. 리더는 군사적 임무와 기본권 보장간의 균형을 유지하는 것이 가장 우선적인 과제라는 점을 인식하고, 임무수행을 위해 불가피하게 필요한 경우에 한하여 개인의 기본권을 일시적으로 제한할 수 있으며, 임무수행 후 가급적 신속하게 개인의 기본권을 보장해 주어야 한다는 의식을 갖게 해야 한다. 그리하여 지휘권으로 개인의 기본권을 무분별하게 침해하는 경우를 방지해야 한다.

제11장
독일 연방군에서 배울 점

지금까지 우리는 독일연방군의 양대 지휘개념인 내적 지휘와 임무형 지휘에 대해 살펴보고, 한국군의 지휘개념의 발전방안에 대해 생각을 정리해 보았다. 아울러 정신교육과 리더십 교육의 개선방안에 대하여 논의하였으며, 인권과 지휘권의 조화에 대해서도 의견을 제시하였다.

본 장에서는 필자가 독일 연방군에서 2년 간의 장교 교육을 직접 받은 경험과 그 동안 여러 채널을 통하여 수집된 문헌에 기초하여 연방군으로부터 우리 한국군이 배워야 할 점들에 대하여 정리하였다. 여기에 소개되는 내용들은 순수하게 필자 개인의 경험에 의거하여 제시한 것들이며, 제시되는 내용들 중에는 매우 거시적인 내용도 있고 매우 지엽적인 내용도 있다. 본 장에서는 배워야 할 점을 소개하기 위해 특별한 형식을 빌리지 않고서 생각나는 대로 기술하였음을 밝혀둔다.

11.1. 연방군 개혁

혁신은 원래 저절로 일어나는 것이 아니며 쉽게 일어나는 것도 아니다. 인간의 생리적인 현상을 보더라도 혁신이 일어나는 것이 매우 어려운 일임을 알 수 있다. 인간에게는 면역체계가 있어서 생체조직으로 침입하는 낯선 물질의 공격에 저항한다. 더욱이 인간의 의식체계를 바꾸는 것은 더 힘든 일이다. 혁신을 시도하였으나 방법상의 미숙함으로 공감을 얻지 못한 채 실패로 돌아가는 경우도 많으며, 혁신에 실패한 경험이 새로운 혁신의지를 억압하거나 무시하는 경우도 많다.

일반적으로 혁신의 성공과 실패여부는 혁신을 준비하고 추진하는 과정이 얼마나 합리적인가에 따라 사전에 예측될 수 있다. 실패한 혁신의 대부분은 정확한 현상 진단을 하지 않은 데에 그 원인이 있는 경우가 많다. 현상에 대한 인식이 정확하지 못할 경우, 문제의 본질을 파악하지 못한 채 주먹구구식이거나 성과와 무관한 명분중심의 대안을 선택할 가능성이 높다. 아울러 혁신을 추진하는 방법 또한 매우 중요하다. 통상적으로 혁신을 한다고 하면서 내부적인 시각에서 내부인물에 의하여 혁신을 추진하는 경우가 많다. 그런데 내부인물에 의한 혁신은 자칫 집단 이기주의의 영향을 받거나 진정한 혁신을 추진하기 어려운 경우가 많다. 무엇보다도 내부 인물에 의한 혁신이 갖는 가장 큰 단점은 혁신안의 추진 동력을 얻기 어렵다는 점이다. 이러한 의미에서 지난 2000년도에 독일이 추진하였던 국방개혁 과정은 우리가 벤치마킹할 수 있는 훌륭한 모범사례라고 볼 수 있다.

개혁 배경

독일은 통일 후 10여년이 경과한 시점에서 독일 연방군의 과감한 개혁을 추구하게 되었는데, 그 배경은 다음과 같다. 첫째는 독일의 안보환경과 나토전략이 변화하였다는 점이다. 1991년에 채택된 나토의 '新전략개념'과 이를 수정하여 1999년에 채택한 '新전략개념'에 따라 독일 연방군에 대한 요구와 역할이 변화되었다. 둘째는 연방군에 대한 다국적군으로의 변화 요구이다. 유럽의 중심군으로서 유럽 주변의 분쟁지역에 대한 조정역할 요구가 증대하였다. 셋째는 미래 작전양상에 대한 재래식 무기 중심의 독일 연방군 전력을 전 세계에 투사할 수 있도록 정보체

계, 화력체계, 전투근무지원체계의 개선과 보완에 대한 요구이다. 넷째
는 독일의 현실적인 제한 사항이다. 국방재원이 감소하고, 인구감소로
징집대상 병력이 줄어들었으며, 노후화되고 수명 한계가 도래한 장비들
의 운용문제 등 효과적인 대응책을 요구하였다.

개혁단계
1단계
독일은 연방군의 개혁은 〈표 11.1〉처럼 크게 5단계로 진행되었다. 1

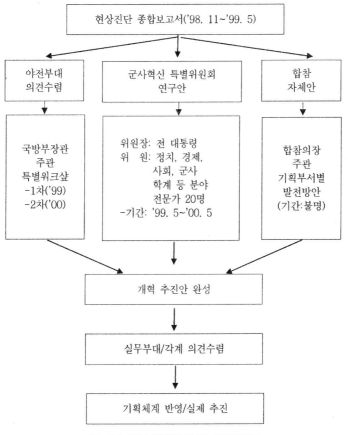

〈표 11.1〉 독일 연방군 2000 개혁과정도

단계에서는 1998년 11월부터 1999년 5월까지 약 7개월에 거쳐 현상진단에 대한 종합보고서가 작성되었다.

2단계

2단계는 그 후 약 1년여에 거쳐 국방개혁안을 작성하는 단계였다. 그런데 이 부분에서 독일군이 수행한 개혁안 수립과정은 한국군에서 통상적으로 이루어지는 것과 사뭇 다르게 진행되었다. 독일은 현상진단에 대한 종합보고서를 기초로 하여 개혁안을 작성하기 위해 세 가지 접근방략을 선택하였다. 첫째는 국방부 장관 주관으로 야전부대의 의견을 수렴하는 것이었다. 의견수렴은 2차에 거쳐 실시되었는데, 1차 의견수렴은 총 6회에 거쳐 국방부 장관 주관하에 각 계급 및 직책별로 선정된 6개 그룹(그룹별로 200명씩 총 1,200명)에 대해 실시되었다. 6개 그룹은 병사, 부사관, 소부대 지휘자 및 초급장교, 대대/연대급 영관장교, 해외파병 유경험자, 지원분야 민간인 및 군무원이었다. 2차 의견수렴은 2개월에 거쳐 총 10회가 실시되었다. 이때는 중대급 이상 지휘관을 대상으로 실시되었으며 지역별 순회워크샵 형식으로 이루어졌다. 1~4차 워크숍에서는 중대장 및 중대선임부사관 총 600명을 대상으로, 5~8차 워크숍은 대대장급 390명을 대상으로 남부, 동부, 북부, 서부 4개 지역으로 구분하여 실시되었다. 9차 워크숍은 연대장/여단장급 140명을 대상으로 하였으며, 10차 워크숍은 사단장급 30명을 대상으로 하였다.

두 번째 접근 전략은 바이츠에커 전 독일 대통령을 위원장으로 하는 특별위원회를 구성하여 개혁안을 작성하는 것이었다. 특별위원회는 독일의 안보 위협과 이익을 평가하고, 차후 포괄적 안보·국방정책 구현을 위한 독일군의 임무·역할을 도출하고 건의하며, 새로운 독일군의 기본구조와 틀을 연구하여 건의하는 임무를 부여받았다. 특별위원회는 위원장과 정위원 20명, 자문위원 107명, 위원회서기국으로 구성되었다. 먼저, 정위원들은 정치·경제·사회·종교 및 학계 등 전 분야의 다양한 인사들을 총망라하여 선정하였고 이 중 전문 직업군인 출신은 4명에 불과하였다. 이들은 軍이 '국가 속의 국가'가 아니라 '국가 및 사회 속에 융합된 민주국가의 군대'로서 건설될 수 있도록 보장해야 하였다. 따라서 연구안 확정시에는 다양한 분야별 의견을 수렴하여 반영함으로써 군 개혁의 필요성 및 방향에 대한 국민적 공감대를 확산시켜야 하였다. 독일군은 軍 자체 개혁을 통한 병력감축 등의 조치가 제한된다는 사실을 인식하고 국가차원에서 전 분야별 대표인사 및 전문가에 의한 개혁안을 유도함으로써 개혁의 객관성과 추진성을 보장하고 필요시 국방재원 확보 논리개발에 활용할 수 있었다. 자문위원은 위원회 자문위원(9명)과 실무 자문위원(98명)으로 구분되고 위원회 자문위원은 현직 국방/재경/내무 장관 및 외무부 차관, 전 주미대사, 제네바 안보정책센터 총장, 전직 OSCE 사무총장, 독일연방군 합참총장, NATO 유럽군 총사령관으로 구성되었다.

세 번째 접근 전략은 합참의장 주관으로 기획부서별로 발전방안을 도출하여 합참 자체안을 작성하는 것이었다.

3단계

3단계는 세 가지 접근으로 작성된 개혁안을 종합하여 개혁추진안을 완성하는 과정이다.

4단계

4단계는 완성된 개혁안에 대해 실무부대와 각계 각층의 의견을 수렴하는 과정이다. 이 기간을 통하여 개혁안에 대한 군내외적 공감대를 형성하게 되었다.

5단계

마지막 단계에서는 기획체계에 반영하고 실제로 추진하는 과정이다. 개혁안의 작성과정에서 이미 외부 유명인사들이 함께 의견을 작성하였기 때문에 실제로 추진하는 과정에서는 크게 문제가 되지 않았다. 만약 개혁안 자체가 순전히 군 내부적으로 작성되었다면 개혁안의 추진에 상당한 어려움이 있었을 것이다.

11.2 교육 훈련

독일 연방군의 교육 훈련과정을 살펴보면 한국군과 다른 몇 가지 특징이 관찰된다. 첫째는 장병의 활용목적에 따라 교육과정을 차별화하는 것이다. 둘째는 특정한 직무에 투입하기 이전에 반드시 OJT 교육을 충분하게 실시한다는 것이다. 셋째는 초급 간부 교육훈련 과정에서 교육목표는 해당 계급의 지휘자로서 역량강화 뿐만아니라 교육자(교관)와 훈육자로서의 역량강화를 강조하는 것이다. 넷째는 부대실습의 기회를 잘 활용하는 것이다.

활용목적에 따른 교육과정의 차별화

독일군의 교육목표는 독일군에게 부여된 임무의 성공적인 수행능력을 배양하는 데 있다. 따라서 독일군의 교육은 부여된 임무의 성격에 따라 융통성 있게 운영하는 것을 원칙으로 한다. 통일 후 새로운 전략환경에 적응하고, 국제평화유지 업무 등 새로 부여된 임무를 효율적으로 수행하기 위하여 독일군을 개입군과 안정화군 그리고 지원군으로 구분하고, 각 군의 특성에 맞는 교육체계를 수립한 것은 임무에 따라 교육을 융통적으로 운용하는 하나의 사례이다. 독일군의 국제평화유지 활동에 대한 요구 증대에 따라 신병교육훈련에서 파병교육을 강화시키는 것도 교육훈련의 상황에 따른 탄력적 운용을 보여주는 사례이다.

장교교육과정에서도 마찬가지로 단기복무자원과 장기복무자원의 교육과정을 다르게 운영하고 있다(〈표 11.2〉 참조). 독일의 장교선발창구는

〈표 11.2〉 독일연방군 단기, 장기복무장교 경력과정

75개월	장교로서 실무부대 근무	장교 후보생 및 장교로서 실무부대 근무
54개월	병과교육(병과학교) 개별 보충교육	장교 후보생 및 장교로서 실무부대 근무
	장교과정 2 (육군장교학교)	
	개별 보충교육	
15개월	연방군 대학 (석사 학위)	병과교육 (병과학교) 개별 보충교육
		장교과정 II (육군장교학교)
입대	부대실습	부대훈련
	어학교육 및 휴가	
	장교과정 I (육군장교학교)	
	Munster, Idar-Oberstein, Hammelburg에서 기초군사훈련, 파병교육, 실무훈련	
계약기간	학위교육(최소 12년)	의무기간 4~20년

일원화되어 있는데, 선발과정에서 최소 12년을 근무할 수 있는 장교와 4년 근무를 기본으로 하는 장교과정으로 구분된다. 표에서 보는 바와 같이 12년 근무 목적으로 선발되는 장교들은 학위교육을 받으며, 4년 단기 근무자원들은 학위교육이 없다.

직무전 교육(OJT) 제도

독일 연방군 군사교육의 특징들 중 하나는 OJT(On the Job Training)를 실제적으로 효과를 나타낼 수 있도록 내실있게 실시한다는 것이다. 장병들이 특정한 직책이나 보직에 임명되는 경우 사전에 충분한 직무교육을 받는다는 것이다.

분대장에 임명되기 위해서는 신병훈련, 부대실습, 분대장 교육과

정, 분대장 실습 등의 과정을 거쳐서 실제적인 분대장 직책을 수행하게 한다. 소대장의 경우에도 소대장 보직을 수행하기 위해서는 약 2년에 걸친 교육과 실습을 반복하여야 한다. 소대장은 기초군사훈련에서부터 전술훈련에 이르기 까지 교육과 실습을 반복함으로써 소대장 직책을 수행하기 전에 소대장에게 요구되는 직무역량을 충분히 갖추도록 한다. 이러한 개념은 위에서 제시한 장교양성과정을 보아도 알 수 있다. 장교선발센터에 보직되는 장교는 선발에 관련된 직무연수를 1년 동안 실시한 후에야 비로소 선발업무를 담당할 수 있다. 선발이라고 하는 중요한 직무를 수행하기 위해서는 평가와 관련된 전문성이 검증된 다음에서야 해당 직무를 수행하게 한다.

독일 연방군의 OJT 제도를 대표하는 교육과정은 바로 장군참모과정 교육이다. 매년 약 2,000여명의 장교 후보생이 입대하여 근무를 시작한지 5년이 지나면 대부분 단기복무 군인으로서 예편하게 되고, 450여명이 장기복무 자원으로 남게 된다. 이들 직업장교들 중 중대장 직책을 마치게 되는 임관 8년 차가 종료되면 지휘참모대학에서 3개월 동안 참모장교 기본교육과정을 이수하게 된다. 이들 중 약 15%에 해당되는 인원을 선발하여 장군참모(Generalstabs) 교육과정에 입교시킨다. 장군참모 요원으로 선발된 장교들은 총 30개월 동안 집중적이고도 강도 높은 지휘관 교육을 받게 된다. 이렇게 교육받은 장군참모들은 전시, 평시, 위기시 또는 다양한 형태의 분쟁상황 하에서 단일군 또는 합동군 작전시 국내 및 국제적 범주에 있는 모든 지휘제대에서 자립적으로 책임을 완수하는 능력을 갖추게 되고, 확고한 전문지식과 가치관을 지닌 장교로서 자신의 업무를 효율적으로 수행하고 국가와 사회 속에서 독일연방군을 대표하게 된다.

교육목표: 지휘자, 교육자, 훈육자

독일 연방군 장교교육의 목표는 모든 제대에서 지휘자로서의 역량

강화 뿐만 아니라 통솔자, 교육자로서의 임무수행 능력을 배양하는 것이다. 이에 따라 장교교육의 세부적인 목표를 보면 다음과 같이 설정되어 있다.

첫째, 장교는 자신의 부하들이 작전임무를 완수할 수 있도록 적절한 방법을 적용하여 교육 훈련시키는 능력을 갖추어야 한다.

둘째, 장교는 자신의 부하들이 내적 내적지휘의 원칙에 따라 자발적으로 임무를 수행할 수 있도록 훈육하는 능력을 갖추어야 한다.

셋째, 장교는 자신에게 부여된 임무를 책임의식과 함께 가용수단을 절제하면서 수행할 수 있는 능력을 갖추어야 한다.

넷째, 장교는 자신이 속한 병과의 제대별 단위부대를 병과를 대표하는 입장에서 지휘할 수 있는 능력을 갖추어야 한다.

이를 위해 장교는 자신이 속한 병과의 작전원칙, 무기/무기체계와 제병 협동작전 원칙에 능통해야 하며, 평시업무에 필요한 기획 및 관리 능력을 갖추어야 한다.

이러한 교육목표를 구현하기 위하여 장교 교육과정에서 이루어지는 교육훈련의 50%는 지휘자 훈련이라고 보면 약 30%는 교육자 훈련이며 나머지 20%는 훈육자 교육이라고 볼 수 있다. 일반적으로 우리나라의 장교초급반 교육을 보면 소대전술 교육의 경우 후보생들에게 소대장으로서 소대를 어떻게 지휘해야 하는 가에 대해서만 교육시킨다. 그런데 실제로 이들이 야전에 나가 소대장 직책을 수행할 때에는 자신이 책임을 맡은 소대의 분대장과 병사들을 대상으로 소대전술을 교육시켜야한다. 그런데 소대장 교육과정에서 스스로 지휘하는 것만 교육을 받았지 부하에게 소대전술을 가르치는 교육을 받지 않았다. 동일한 사례로서 사격교육이 있다. 통상 한국군에서 장교후보생들에게 사격교육을 시키는 경우 후보생 스스로가 일등사수 혹은 특등사수가 되는 것을 목표로 교육시킨다. 그런데 부대에 배치되면 소대장은 소대원들의 사격훈련을 주관해야 한다. 그런데 사격훈련지도나 운영에 대한 교육은 초군반

과정에서 한 번도 교육을 받아 보지 않았다. 장비교육에서도 마찬가지로 스스로 장비에 대해 교육을 받아 보았으나, 남에게 장비교육을 시키는 방법에 대해서는 교육을 받지 않는다.

독일 연방군은 실무부대에서 장교가 어떤 역할을 하는가에 기초하여 초군반과 고군반의 교육내용을 구성하고 운영한다. 간부들은 실무부대에서 스스로 전투할 수 있는 역량 구비도 중요하나 부하들을 교육하고 훈육하는 역량도 요구된다. 이러한 의미에서 연방군은 지휘자로서의 역량 뿐만 아니라 교육자와 훈육자로서의 역량을 강화시키는 교육이 장교 양성과정에서 이루어져야 한다는 점을 실천에 옮기고 있다.

추가적으로 독일군 장교교육의 방침을 소개하며 다음과 같다.

첫째, 군사학교교육과 부대교육의 병행이다. 군사학교에서 직책에 상응하는 개인교육을 받고 부대에서는 부대단위로 편성된 장교단을 통해 간부의 예절을 포함한 기본소양교육과 부대의 역사, 전통교육을 포함한 전사교육 등을 통해 소속 장교의 능력을 향상시킨다.

둘째, 연합작전 및 국제기구 임무수행능력의 구비이다. 독일군은 최근 전략 환경의 변화로 군의 임무가 국가방위에만 국한하지 않고 국제군으로서의 역할이 증가하고 있는 점을 감안하여 장교의 연합작전 및 국제기구에서의 임무수행 능력 제고를 위하여 국가 책임 하에 교육을 강화하고 있다.

셋째, 독일군이 개입군과 안정화군 그리고 지원군에 맞는 교육제도를 융통적으로 운용한다.

넷째, 예비역 장교의 교육은 가능한 현역장교의 교육과 병행하여 실시한다. 예비역 장교를 별도로 소집하여 집체교육하지 않고 개인별, 직책별로 소집하여 현역과 함께 교육함으로서 상호 유대와 소속감을 강화하고 교육효과를 증대하며, 교육비용을 절감한다.

다섯째, 장교 및 부사관 후보생들은 병사들과 동일한 환경과 조건에서 기초군사훈련을 받는다. 이것은 1807년 프로이센군의 개혁프로그램의 일환으로 출발하여 지금까지 계승되어 온 전통적인 교육방식이다. 이 과정을 통하여 병사들의 주된 관심사는 무엇인지, 어떤 상관을 존경하고, 어떤 상황에서 전우애가 형성되는지 등을 직접 체험할 수 있다. 그러나 이 원칙은 최근에 수정된 장교양성과정에서 일부 변경되었다. 지금까지 장교후보생들을 선발과 동시에 각각 야전부대의 훈련대대에 분산 배치하여 기초군사훈련을 일반 병사와 함께 실시하여왔었다. 그러나 2006년부터 장교후보생들을 별도로 통합하여 3개의 훈련시설에서 교육하는 것으로 바뀌었다.

부대 간부교육

독일군의 부대 간부교육은 학교교육에서 배운 핵심내용을 유지 및 발전시킨다. 부대 간부교육은 대대장을 중심으로 실시되며, 견실하고 강한 지휘자(관)의 인격을 조형한다는 목표를 보조적으로 구현하는데 목적이 있다. 여기서 지휘자(관)의 인격이란 모범적인 태도와 행동, 전문지식, 인간성을 기초로 부하들을 동기화시키고 내적지휘 할 수 있는 역량을 의미한다. 독일 육군의 대대급 간부계발의 특징은 다음과 같이 간추려 볼 수 있다.

첫째, 부대 간부교육은 대대장 중심으로 이루어지고 있으며, 1단계 상급부대인 여단에서 전/후반기에 각각 실시해야 할 일부 주제를 통제하는 것을 제외하고는 간부교육의 주제와 시간에 관한 사항은 대대장에게 위임되어 있다.

둘째, 대대장의 직접 통제 하에 실시되는 간부 교육의 내용은 대대전술연습(5일), 도상 전술토의(1일), 현지 전술토의(1일), 중대별 시범식 교육(총 6일), 중대급 교육계획 수립 요령(1일) 등이며, 연중 대대장 직접 통제 하에 실시되는 전체간부 교육시간은 일수로 14일 정도로서 시간수로 환산하면 112시간 정도이다. 따라서 추가적으로 중대장 통제 하에 실시되는 중대단위 간부교육시간은 60시간이므로 대대의 연간 간부교육시간은 총 172시간 정도인 셈이다.

셋째, 간부들의 체력단련에 관한 사항은 대대 교육명령상에 포함되어 있지 않다. 간부들의 체력단련은 육군에서 지시된 수준을 유지하기 위해 자율적으로 이루어지며, 육군 체력단련의 내용은 다양하다. 간부 측정 결과는 정기근무평정표에 기록되는데, 이러한 정기측정에 대비하고 평소 체력관리를 위해 주 3회 오래달리기를 실시할 것을 규정하고 있다. 구기운동과 같은 단체운동은 상황에 따라 대대장 또는 중대장 통제 하에 이루어지고 있다.

넷째, 지휘통솔 교육, 기동 연습 등을 부대교육의 절정으로 간주하고 이에 대비한 주둔지 교육을 강조하고 있으며, 이를 준비하는 과정 속에 중대단위 간부교육이 계획되어 있다는 점에도 주목해야 한다.

다섯째, 대대장은 대대 전체의 장교 및 부사관에 대한 교육 책임이 있고, 중대장은 부사관에 대한 교육책임이 있다. 참고적으로 병사들에 대한 실질적인 교육책임은 중대장에게 있다.

여섯째, 앞서 소개된 대대의 교육 명령에서 알 수 있듯이 대대장 나름대로 내적지휘와 교육훈련의 원칙을 수립하여 대대의 구성원들에게 알리고 함께 실천할 것을 촉구하고 있다.

일곱째, 참고적으로 여단급, 사단급의 간부 교육은 주로 워게임/시뮬레이션 기법을 이용한 전술/작전 연습의 형태로 이루어지고 있다.

11.3 국방경영 효율화

배경

독일의 안보정세 및 전략환경 변화로 연방군의 역할 및 임무가 변화하고, 국방재원 제한으로 전력유지에 제한이 있으며, 연방군을 '작지만 강한' 군대로 만들어야 한다는 요구가 증대하였다. 이에 독일은 과감한

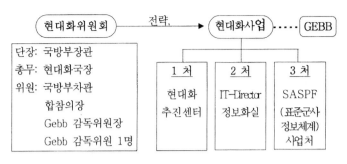

〈표 11.3〉 현대화위원회와 현대화국 편성

국방개혁을 실시하였으며, 그 일환으로 국방예산 지출을 최소화하고 국방투자를 위한 여유재원 확보를 위해 핵심과업(작전임무 등)에 집중할 수 있도록 비핵심과업을 민영화 또는 PPP(Public Private Partnership) 등의 방식으로 개선하고 지속적인 경영혁신과 현대화 사업을 추진하고자 하였다. 이를 위해 독일 국방부가 100% 지분을 갖고서 설립한 순수 민간 컨설팅 회사가 바로 GEBB(개발, 조달, 운영 회사)이다.

독일은 1999년 12월에 국방부와 민간경제간 「연방군 개혁, 투자, 경제성 제고를 위한 총괄협정」을 체결하였는데, 여기에는 약 700여개 기업이 참여하였다. 2000년 9월에는 GEBB(개발/조달/운영을 위한 순수 민간 컨설팅 회사)를 설립하였다. 2003년 5월에는 국방경영 혁신을 조정 통제할 수 있는 국방부 조직의 필요성이 제기되어 국방부내에 현대화위원회(Modernisierungsboard)가 설치되었으며, 같은 해 9월에는 설치 현대화위원회 활동을 지원하기 위해 현대화 추진센터(Kompetenzzentrum)가 설치되었다. 2006년 5월에는 모든 현대화 사업을 총괄할 수 있도록 국방부의 민간분야에 현대화사업국(Abteilung Modernisierung)을 설치하였다. 현대화위원회와 현대화국의 편성은 〈표 11.3〉과 같다.

GEBB(개발 조달 획득회사)

GEBB의 설립 목적은 비핵심사업에 대한 연방군의 부담을 경감시키고, 운영비용의 절감을 지원하며 민간 투자재원의 유동화와 국방예산을 위한 여유 재원을 생성하는 데에 있다. 이를 위해 GEBB는 연방군을 위한 경영 자문을 실시하고 현대화 계획의 제안자, 동력자, 지원자 역할을 하며, 연방군과 민간경제 간의 중계자로서 그리고 실행 과업에서 연방군의 수탁자로서 기능을 한다. 이러한 기능의 GEBB는 순수 민간 전문가 집단으로서 선입관이나 국방부 내 특정 부서의 이익과 무관하게, 적극적이고 일관되게 최선의 방책을 제안할 수 있는 위치에 있다는 장점을 갖는다.

GEBB의 운영진은 경영이사회와 감독이사회로 구분된다. 경영이사회는 회장과 이사 5명으로 구성되어 있으며, 이사들은 부동산 사업과 재정의 기획조정에 관여하고 사업개발과 군수지원 그리고 지분참여 등의 활동에 관여한다. 감독이사회는 위원장과 부위원장 그리고 위원으로 구성되어 있다. 부위원장은 획득담당 사무차관이 맡으며, 위원은 재무부 차관, 합참의장, 민간회사 감독위원이 맡는다.

GEBB가 설립되고 난 후 초기('00~'05)에 최상의 전략으로 민영화를 추진하였으나, 일부 부정적인 사례 발생하기도 하였다. 또한 사업경험의 부족으로 인하여 운영예산의 40%정도가 외부 자문비로 지출되기도 하였다. 성공적인 운영은 GEBB가 직접 운영하는 자회사로서 연방군 차량단 운용회사('02. 6월)와 피복회사('02. 4월)가 있다.

2006년부터 GEBB는 업무추진 전략을 새롭게 전환하였다. 팀워크를 강조하고, 자체 최적화방안, 협력방안, 민영화 방안의 효과성을 동등한 입장에서 검증한 후, 그 중에서 가장 경제적이며, 질적으로 우수한 방안을 추진하였다. 그리고 자회사 관리업무를 국방부에 이관하고 순수하게 컨설팅 업무에 주력하였다. 이렇게 함으로써 GEBB는 국방부 조직과 우호적 동반자 관계를 강화하는 방향으로 사업전략을 발전시켜 나갔다. GEBB의 사업실적은 기 책정된 예산에 대비하여 GEBB를 통하여 절약된 예산간의 차이액을 의미하는데, 설립된 후 2년 간은 초기 투자 비용으로 인하여 적자를 나타냈으나, 3년차인 2002년 부터는 흑자를 나타냈다.

2002년도에는 7천5백만 유로의 이익을 창출하였으며, 2003년에는 2억5
천3백만 유로, 2004년에는 3억7천3백만 유로의 이익을 나타냈다.

국방효율화 사업

GEBB에 의하여 시행된 사업들의 내역은 〈표 11.4〉에 제시하는 표와

〈표 11.4〉 GEBB 연도별 추진 업무내용

업무 \ 년도		'02	'03	'04	'05	'06	'07	'08	'09
차량단 운영회사		GEBB 자회사로 운영				국방부로 이관			
피복회사		GEBB 자회사로 운영				국방부로 이관			
업무개발/군수	Supply Chain					무기고/분재소 최적화 계획			
	군수 협력 모델			Projekt-skizze Logistic		화생방호장비 관심도 조사			
	군수 특수 분야			화생방호장비 공중수송 년 0.12억 유로					
	급양				부대 시험	자체혁신모델 반영			
	후생					만족도 설문	유아/탁아		
	출장 관리			현대화추진센터 공동연구		여행포탈		호텔포탈	
	제3자 대여			통신회사에 송신탑 부지 임대 풍력발전소 부지 임대					
부동산	설계/시공/운영					장교학교 연방군병원변혁			
	PPP(BTL사업)			Hannover 부대 Muenchen 부대					
	개발 & 매각	8개 0.34억ε		7개	17개	14개	11개		
교육	개별 훈련								
	현대화계획훈련			공군기술학교교육 위탁운영		차량운전 기초훈련		육군항공학교	
조직관리	경영 업무지원								
	탈관료화 과제					교범류 현대화			
	조절/통제시스템								

같다. 가장 대표적인 사업은 군용지 매각이나 대토와 같은 부동산 사업이다. 연방군 용지에 해당하는 약 2,500여개의 부동산(독일 국토의 1%에 해당)들 중에서 2010년까지 약 1,000 여개의 부동산을 매각 처분하고, 매각 비용을 국방개혁에 재투자하고 일부 금액을 GEBB의 운영자금으로 사용하였다.

비전투분야 민영화 사업의 하나로서 육군 물자정비회사('05. 2월 설립)가 있다. 이 회사의 지분은 국방부가 49%를 소유하고, IWS가 17%를, KMW가 17%, 그리고 리인메탈이 17%를 차지하였다. 이 회사의 연산 매출은 약 4억 유로이다.

탄약 해체 및 화학물질 제거 회사(GEKA, '97. 12월 설립)는 국방부가 100% 지분을 소유하고 있는 회사로서 연방군 폐탄, 화생방 전투물자 및 기타 오염물자 폐기사업의 경제성을 제고시켜 주고 있다.

연방군 차량단 운용회사(BwFPS, '02. 6월 설립)는 국방부가 75.1% 지분을 소유하고 있으며, 연방철도청은 24.9%의 지분을 소유하고 있다. 고용인력은 자체인력 319명, 연방군 제공인력 2,267명으로 군인의 재취업에도 도움을 주고 있다. 이 회사는 3억 유로수준의 투자효과를 보이고 있으며, 차량운영비를 절감시켜 주었으며, 신규 승용차 보급률의 상승에 기여하였다.

라이온-헬만 피복회사(LHBw, '02년 8월 설립)는 국방부가 25.1%의 지분을 소유하고 있는 회사이다. 이 회사의 활동을 통하여 피복하자율이 감소하고 비용이 절감되었으며, 구매기간이 단축되었다. 이 회사는 설립 후 최초 3년간 2.56 억 유로 예산의 절감효과를 가져다 주었다.

군 정보화 사업으로 시행된 헤라클레스(Herkules)는 연방군 내 비핵심 IT영역의 정보통신망을 구축하는 것이다. 사업기간은 10년이며, 총 예산은 71억 유로이다. 정보기술회사(BWI-IT)는 정부와 민간사업자 합작회사(정부 49.9%, Simens 50.05%, IBM 0.05%)이며, 연방군 표준군사정보체계(SASPF)는 독일 SAP사와 협력하여 운영하는 회사이다.

성과 및 교훈

"민영화가 왕도"라는 인식에 기초하여 추진된 혁신사업은 순수 민간 업체인 GEBB와 국방부 예하부서와의 불편한 관계를 형성하는 문제점을 야기 하였다. 민영화 전략의 대표적인 실패사례는 급양사업이었다. 도시지역의 군부대나 군학교의 급양사업을 통합하여 민간업체에 넘기는 사업이었다. 급양사업은 유사시에 급양인력의 전문성이 유지되어야 하는 문제이기 때문에 순수하게 민간인 사업으로 넘길 수 없는 사업이다. 이에 급양사업을 맡게 된 민간기업은 군에서 제공되는 급양 인력을 교육시키고 관리하는 이중 구조를 갖게 되었다. 민간업체는 식재료를 공급하고, 요리와 배식인력의 교육을 담당하였다. 그러나 배식인력(군인/군무원)과 공급인력은 연방군에서 제공하였다. 이러한 구조가 결국은 사업의 실패로 이어졌다. 2년간의 시험운영기간 도중에 민간업체의 포기로 계약이 파기되었다. 이에 대한 대안으로 민간경영기법을 벤치마킹하여 장병식당 자체적인 혁신을 유도하였다.

이와 같은 독일 국방경영 혁신은 우리에게 다음과 같은 교훈을 남겨 주고 있다. 먼저 혁신과 경제성에 대한 강한 의지를 나타냈다는 점이다. 전투원은 핵심과업에 집중하고 경제성을 최우선으로 하여 비전투분야에 대해 과감한 혁신을 추진하였으며, 생산/조달/운영비용의 절약을 통하여 국방투자의 여유재원을 확보한 점이다. 아울러 순수한 민간 컨설팅회사(GEBB)를 적극 활용하여 혁신 추진한 점이다(〈그림 11.1〉 참조). 경제성을 최고의 가치로 추구하는 민간 전문가를 적극 활용하여 선입관이나 이익관계에 얽매이지 않은 독립된 존재로서 진실된 조언이 가능토록 하였다. 또한 혁신의 최고의사결정기관인 현대화 위원회에 GEBB 임원이 참여하여 신속하면서도 직접적인 의사소통이 가능케 하였다(대등한 파트너 역할).

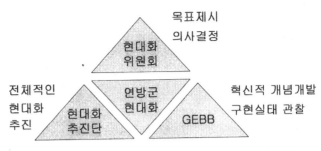

〈그림 11.1〉 현대화위원회, 현대화 추진단, GEBB의 협력관계

11.4 군사심리연구소

역사

군사심리학(Military Psychology)은 심리학 연구에서 얻어진 원리와 방법을 군사장면에 적용하는 응용심리학이며, 군사심리연구소는 군사심리학적 지식을 배경으로하여 군의 효율적인 운영을 도모하는 부서이다. 군사심리학의 역사 또한 심리학의 역사만큼이나 오래 되었다고 볼 수 있지만 과학적인 의미의 심리학이 제도적으로 군에 적용되기 시작한 것은 대략 1차 세계 대전을 전후로 한 시기이며, 2차 세계 대전을 거치면서 비로소 크게 발전하였다. 독일의 군사심리연구소는 이미 1920년대 초부터 운영되었으며, 주로 군에 필요한 장교 및 전문인력의 선발에 기여하는 등 오랜 역사와 전통을 가지고 있는 부서이다. 독일에서는 이미 20세기 초반의 제국군 시대에 군의 전문인력, 특히 운전사와 조종수를 선발할 수 있는 군사심리 검사소가 운용되었다. 1920년대 이후에는 전문인력의 선발 이외에도 장교후보생의 선발과정에 여러 가지 심리학적 검사를 사용하였다. 2차 세계 대전 직후까지 독일 군은 장교선발을 위한 다양한 검사절차들을 계속적으로 개발하였으며 군사심리학 부서에 종사하였던 인원도 무려 150여명에 이를 정도로 그 규모가 확장되었

었다. 50년대 초 급변하는 정치상황속에서 연합군의 요구에 따라 독일군의 재무장이 거론되었으며 이에 맞추어 1952년 재건된 군사심리학센터는 독일연방군의 창설에 필요한 장교, 하사관 그리고 병의 선발업무를 담당하였다. 1956년 독일연방군의 창설과 더불어 현실화된 군사심리학센터는 거듭된 변화를 통하여 현재 약 420여명의 인력으로 구성된 국방부의 한 행정조직으로 발전하였다.

편성과 활동

독일의 군사심리학센터 근무자는 모두가 민간인 신분으로, 현재 약 160여명의 석사이상 심리학 전문가들과 전문 교육을 받은 260여명의 보조 인력으로 구성되어 있다. 이들은 특정한 곳에 통합되어 근무하지 않고 주어진 임무에 따라 독일 전역의 각 기관에 분산 배치되어 활동하고 있으며, 국방부내에는 군사심리학센터를 대표하는 소수의 인원만이 인사국에 편성되어 있다. 이들의 활동영역별 인원구성을 보면 의무병검사와 장교 및 부사관 지원자 검사 등 인원선발에 많은 인원이 편성되어 있으며, 다음으로는 임상심리학 분야이며, 일부 인원들이 인체공학이나 부대심리학에 관여하고 있다. 군사심리연구소의 주요 업무영역은 크게 인사심리학, 부대심리학, 임상심리학, 인체공학심리학, 군사심리학 평가 등 5개 분야로 구분된다.

• 인사심리학(Personalpsychology)

인사심리학 영역에는 약 110명의 심리학자들이 전문행정인력들과 함께 근무하고 있다. 이들의 주된 업무는 군에 필요한 인원의 선발 및 계발 그리고 인원의 적재적소 배치와 관련되어 있다.

장교후보생의 선발을 담당하는 장교선발센터에서는 20여명의 심리학자가 참여하는 광범위한 선발절차가 운용되고 있다. 심리학자 1명과 야전장교 1명(영관1명 혹은 위관1명)이 한 조가 되어 2박 3일간에 걸쳐 4명의 수험생을 집중적으로 검사하는 장교후보생 선발절차에서는 각 종 심리검사와 인터뷰 그리고 집단상황 속에서의 행동관찰 등을 통하여 수험생들이 종합적으로 평가된다.

병사 및 하사관후보생들의 검사를 담당하는 하사관 선발센터는 전국에 5개소가 있다. 이곳에서는 적합성 및 활용성 검사가 중점적으로 실시된다. 이 검사에서는 주로 일반지능, 지각 및 주의집중력, 기술적인 이해도 등이 측정된다.

인사심리학분야에서 이루어지는 또 하나의 주요한 입무는 조종사 및 항해사 선발과 관련된 일이다. 비행기 조종사 및 승무원의 선발, 부담한 계의 분석, 조종인원의 교육 및 훈련대책 등의 문제들이 집중적으로 다루어진다.

인력선발시 사용되는 능력수행검사는 전산화되어 있어서, 검사대상자의 문제해결 능력에 따라 문제의 난이도가 자동적으로 조절되는 방식을 택하고 있다. 또한 전문가시스템을 도입하여 가능한 모든 심리검사 결과에 대한 전문가적 평가가 매뉴얼 방식으로 처리되도록 만들어져 있다.

그밖에도 인사심리학 분야에서는 한국군의 육군대학 수준과 유사한 일반참모장교 후보생 과정의 교육대상자들을 선발하는 데에도 참관하고 있다.

- 부대심리학(Troopspsychology)

부대심리학분야의 주요 업무중 하나는 부대지휘에서 발생 가능한 위기사태의 원만한 해결을 유도하는 위기중재팀 활동이다. 부대 전입 신병들의 적응문제, 군 이탈행동, 부하들의 동기유발, 훈육방식, 불안으로 인한 장애, 갈등사태, 전투나 훈련후 유발 가능한 후유증 등 부대지휘상 발생 가능한 여러 가지 문제들이 심리학적으로 다루어진다.

이 분야는 국제적인 분쟁지역에 대한 세계평화유지군의 활동이 증대되면서 그 중요성이 더 크게 부각되고 있다. 부대심리학분야에 활동하는 군사심리학자들은 주로 파견부대의 파견전 교육과정에 관여하고 현지에서 장병들이 새로운 환경에 순조롭게 적응할 수 있도록 도와주는 역할을 수행한다. 포로, 인질, 고문, 심한 부상 후에 나타나는 심리적인 후유증이나 장기간 동안 가족과 떨어져 생활함으로서 겪게되는 스트레스의 해소를 도와주며, 상이한 문화적 배경을 가진 다목적군 속에서 문화간 갈등문제를 완화시킴으로써 국가간 협력체제가 긴밀하게 이루어질 수 있도록 유도한다. 아울러, 이들은 파병되는 당사자들뿐만 아니라 파병장병들의 가족들에 대한 관심과 배려를 통하여 파병 자들의 심적인 안정을 도모하기도 한다.

군사심리학부서에 근무하는 심리학자들은 언제라도 상황에 따라 부대심리학자의 임무를 수행 가능토록 추가적인 교육을 받는다. 대략 3-4개월간의 파견기간동안 해당 직책은 예비인력으로 대체되며 파견 복귀후 다시 정상적으로 자신의 업무를 담당하도록 되어있다.

• 인체공학심리학(Ergonomics)

인체공학 분야에서 활동하는 군사심리학자들은 군사장비의 개발 및 생산과정에 관여하여 군사장비가 사용처에서 최대한의 효과를 산출하는데 기여한다. 인적인 실수를 최소화할 수 있는 디자인이나 구조를 제안하고, 시스템의 최적 배치, 최적의 작업환경 설계 등의 문제를 다룬다. 아울러 의사소통체계와 정보 제공에서 고려되어야 할 심리학적 요인들, 군사적 작업장면에서의 심리학적 구비요건 등을 연구하기도 한다.

주요 근무 부서는 국방기술 및 조달 연방청, 공군 항공의학 연구소, 해군 항해의학 연구소 군의중앙연구소이며 약 10명의 인체공학심리학자가 활동하고 있다.

미군의 경우는 육군에만 인체공학 분야의 연구소 혹은 실험실이 무려

22개나 된다. 이들 기관에서는 군사무기의 개발과 시험, 조종장비, 보급품(식욕과 관련하여 외형, 냄새, 맛 등), 교육재료, 정보전달시스템, 영상정보해독과 관련된 업무가 이루어진다.

• 임상심리학(Clinicalpsychology)

임상심리학자들은 군의관들과 함께 연방군병원에 근무하면서 정신병적 장애나 심인성 장애를 겪는 장병들의 진단과 치료를 담당한다. 이 분야는 특히 이상행동의 예방에 중요한 역할을 수행한다. 현재는 약 13명의 임상심리학자가 8개의 군 병원에 배치되어 활동하고 있다.

• 군사심리학적 활동의 성과분석(Qualitycontrol)

군사심리학센터는 앞에서 소개한 여러 분야의 각 업무들이 효과적으로 운용되고 있는지 여부를 평가하는 질적 분석에도 많은 노력을 기울이고 있다. 현재 7명의 심리학자들이 군에 적용되고 있는 각종 심리검사절차의 질적 보장을 위한 기초작업에 참여하고 있다. 또한 군사심리학센터에 근무하는 인력들의 초임 및 보수교육을 계획하고 실시하며 군사심리학센터에서 사용되는 각 종 심리학적 검사들의 개발과 효용성을 진단한다.

군사심리학센터에 근무하게되는 심리학자 및 보조인력들은 자체에서 운영하고 있는 교육과정을 밟게된다. 신입요원 교육에서 마지막 보수교육까지 전체 교육시간은 약 33개월이다. 이 교육을 통하여 사람들은 각자의 업무분야에 적합한 진단, 개별 상담, 전문교육, 집단훈련, 질적 평가 등과 관련된 직무기술들을 배우게된다.

발전제언

미국과 독일과 같은 선진국에서 광범위한 조직의 군사심리학센터를 운영하는 주된 이유는 주어진 여건에서 가용한 인적 물적 자원을 최대한 효율적으로 운용하기 위한 것이다. 한 병사를 통신병으로 또는 관측 장비병으로 선발하여 몇 개월 동안 교육을 시켰으나 이 병사의 적성이 유무선 통신이나 관측활동에 적합하지 않다면 그 만큼 업무의 효율성이 떨어질 것이며 궁극적으로는 전체적인 전투력의 저하를 가져올 것이다. 장비를 개발하는데 사용자에게 편리하지 않거나 디자인이나 시스템에서 인적 오류의 발생 가능성을 갖고 있다면 아무리 우수한 성능의 장비라 하더라도 그 효율성은 떨어지기 마련이다. 이러한 연유로 선진국에서는 병사나 하사관 그리고 장교들을 선발할 때, 특수병과에 근무하고자 하는 인원을 선발할 때, 새로운 장비를 개발할 때, 부대운영상 발생 가능한 제반 문제를 해결하고자 할 때, 반드시 심리학적인 분석과 평가를 시행하고 있다.

군에 몸담고 있는 사람은 모두 다 정신전력이 중요하다는 것에 동의한다. 그런데 이러한 생각은 대부분 지휘통솔이라는 주제에 편향되어 있다. 하지만 지휘통솔은 군사심리학에서 다루는 많은 주제들 중의 하나에 속한다. 지휘통솔 이외에도 군사심리학이 군의 발전에 기여할 수 있는 분야는 본문에서 기술한 바와 같이 매우 다양하다.

선진국 군대를 지향하는 한국군에서 아직까지도 독일이나 미국에서와 같은 군사심리학적 활동이 거의 미미한 수준에 머무르고 있다는 것은 매우 안타까운 일이며, 이것은 곧 우리 군이 주어진 자원을 보다더 효율적으로 운용할 수 있는 기회를 놓치고 있음을 간접적으로 시사한다.

독일에서와 같은 군사심리학센터가 우리 군에 설치되기까지는 매우 많은 시간과 초기 경비가 소요될 것이다. 그럼에도 불구하고 우리가 시급하게 관심을 가져야 할 사항을 몇 가지 제안한다면 다음과 같이 제시할 수 있을 것이다.

첫째, 군에 필요한 인원의 선발과정에서 최소한의 적성검사와 양질의 심리검사를 전문가에 의해서 실시함으로서 인원선발과 선발된 인원의 적재적소 배치를 보다 더 효과적으로 운용하는 것이다. 특히 많은 검사인력을 상시적으로 운용할 수 없는 우리 실정에서는 검사의 전산화도 효과적인 대안이 될 것이다.

둘째, 군사장비의 개발과정에서 인체공학적인 분석이나 인간-시스템 간의 상호작용에 대한 분석에 관심을 증대시켜야 할 것이다. 특히 간단한 조작으로 대량살상이 가능한 현대식 무기일수록 사용자 중심의 심리학적 평가와 분석이 추가된다면 기능적으로 더욱 더 우수한 무기성능을 발휘할 수 있을 것이다.

셋째, 군대 사회에의 적응과 부적응의 문제를 다양한 방면에서 심리학적으로 재조명하고 그 결과를 부대운영이나 지휘통솔에 적극 반영하는 것이다.

11.5 기타

장교선발센터

우수한 장교단을 유지하기 위해서는 우선적으로 우수한 인재들을 선발해야 한다. 이러한 의미에서 독일 연방군은 장교후보생 선발을 위한 전문기구를 설치하고 여기에 많은 인력과 예산을 투입하고 있다.

독일군의 장교선발업무는 한국군처럼 각 군별로 그리고 각 군내에서도 학교별로 분산하여 선발업무를 실시하는 것이 아니라 독일 국방부 산하의 "연방군 인력 획득국(Personalstammamt der Bundeswehr = PSABw)"에서 통합적으로 관장한다.

장교후보생 선발 업무를 담당하는 전문기관을 장교선발센터(Offizierprüfzentrale=OPZ)라 부르는데, 장교선발센터에는 약 90여명의 선발 전문가들이 배치되어 장교지원자들을 과학적인 방법으로 검사한 후 그들에 대한 합격, 불합격을 판정함은 물론, 합격자들의 군별 분류,

병과선택 및 연방군대학에서의 전공과목의 선택을 분류하는 기능을 담당한다.

장교후보생 선발은 적성평가에 의해 이루어지는데, 적성평가는 2대 원칙에 의거하여 실시된다. 첫째는 전체주의원칙이다. 한 사람에 대한 평가를 할 때, 성적이나 성격 등 한 영역에 의해서만 판단하는 것이 아니라, 다양한 상황에서 다양한 과제를 통하여 한 인간을 이해해야 한다는 것이다. 이러한 판단기준에 의거하여 피평가자에 대한 모든 사항들은 동일한 평가자에 의하여 일관성 있게 관찰, 분석 및 평가되도록 하였다. 둘째는 위원회의 원칙이다. 학과성적, 지능 및 심리검사에 나타나는 모든 양적인 수치는 피평가자에 대한 판단을 도와주는 보조수단일 뿐, 그 절대적 기준이 될 수는 없다. 따라서 장교지원자에 대한 선발권은 약간의 주관성이 개입되거나 특정 피평가자에게 유리한 평가가 이루어질 개연성에도 불구하고, 2인으로 구성된 선발위원회가 갖는다.

〈표 11.5〉 장교후보생 선발시 평가영역 및 요소들

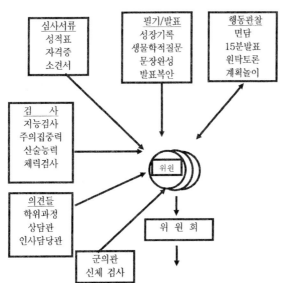

이때 2명의 평가위원은 각자 독립적으로 판단하며 그 판단에 이르기까지의 과정 및 이유를 기술한 후 서명하여야 한다. 서명은 곧 피평정자에 대한 공정한 평가를 책임진다는 의미로서 독일군은 사람을 사람에 의하여 선발하고 그 책임을 지는 일종의 "선발실명제"를 실시하고 있는 셈이다. 〈표 11.5〉는 면접시 평가되는 요소들을 제시한 것이다.

독일군의 장교선발 특징을 다섯 가지로 요약하면 다음과 같다:

첫째, 선발의 창구가 전군을 통하여 일원화 및 전문화되어 있다. 직업장교가 되려는 지원자는 육, 해, 공군의 선택을 스스로 판단할 필요가 없으며 선발 전문기관의 자문에 따라서 군별, 병과별로 적성에 맞게 선택한다. 특히 1917년 창설된 장교선발본부는 그 동안 실시했던 선발 결과를 환류(feed back)하여 지속적으로 단점을 보완하는 등, 선발에 관한 노하우를 축적하여 왔고 국방부의 일원화된 집중투자에 의하여 CAT 지능검사 프로젝트의 완성, 첨단 신검장비의 구비, 전문 심리상담관의 운영 등을 통하여 선발상의 오차를 극소화하고 있다.

둘째, 철저한 적성위주의 선발을 하고 있다. 장교직업이란 국가의 존립과 국민의 생명과 관계되는 특수 직업이기 때문에 그 선발은 성적순이 아니라, 장교로서의 직업이 요구하는 적성을 기준으로 이루어진다. 학과성적은 차후 연방군대학에서 전공과정을 성공적으로 졸업할 수 있는 능력을 평가하는 기준의 범위 내에서 제한적인 중요성을 띤다.

셋째, 연중선발 제도를 운영한다. 지원자들의 적성과 인성을 확인하는데는 자연스런 분위기 조성을 위한 원탁의 대화, 집단상황의 조성 등 많은 시간이 필요하다. 따라서 우리나라와 같이 공정성과 형평성에 중점을 두는 동시시험 체계를 포기하고 지원자와 장교선발본부의 사정에 맞추어 지원자들을 장교선발본부로 초대하여 지원자들의 장교로서의 적성 유무를 평가해주는 연중선발 제도를 운영하는 것이다.

넷째, 2인 선발위원회에 의한 선발책임제의 운영이다. 이 선발팀은 지원자가 제출한 서류심사에서부터 최종판정에 이르기까지 전 과정에 대한 평가를 전담하며 그 결과에 대해 전적으로 책임을 진다. 그들의 선발중점은 성장환경을 고려한 인격, 품성 및 잠재역량이다.

다섯째, 철저한 "One-Stop 서비스"의 실천이다. 지원자의 적성시험 비용(여비 및 숙식비 등)은 모두 장교선발본부에서 부담하며 시험결과와 군 및 병과선택은 시험 종료와 동시에 곧바로 공개함으로써 수험자는 아무런 금전적 정신적 부담 없이 장교로서의 적성을 테스트 받아 볼 수 있다.

계급 대표제(Vertrauensperson 신뢰인)

독일 연방군은 제복을 입은 국민의 이념을 구현하기 위해 다양한 제도를 운영하고 있다. 그 중 하나가 바로 장병들의 참여를 보장하는 계급 대표제이다. 기초군사훈련에서 시작하여 모든 교육과정이나 부대근무시 각 계급집단이나 학급집단마다 그 집단을 대표하는 신뢰인(Vertrauensperson)을 선출하도록 규정화 되어 있다. 신뢰인으로 선출된 사람은 해당 조직의 중요 결정사항에 대한 정보를 제공받고 이에 대한 해당 집단의 의견을 수렴하여 지휘관과 의사소통을 할 수 있도록 제도화 하였다. 이를 통하여 장병들과 관련된 업무나 계획들이 사전에 충분한 요구와 의견을 수렴한 후에 실행됨으로써 시행착오를 줄이고 업무의 효율성이 극대화되도록 하고 있다.

지휘관들은 신뢰인들과 정기적으로 혹은 필요에 따라 의견을 청취할 의무가 있으며, 신뢰인들은 이러한 지휘관의 행동을 요구할 권리가 부여되어 있다. 그리고 신뢰인들은 개인적인 의견을 제시하는 것이 아니라 해당 집단의 의견을 대표로 전달하는 위치여야 한다. 신뢰인 제도는 신뢰인들이 학교나 부대의 중요한 의사결정과정에 관여한다는 의미가 아니다. 이 보다는 의견을 제시하여 보다 더 합리적인 결정과 결과가 나타나게 하는 것이다.

청소년 장교제도(Jugendoffizier)

국가안보에 있어서 국민들의 안보의식은 매우 중요하며, 특히 다음 세대를 이어갈 청소년들의 의식수준은 국가적으로 매우 중요하다. 이러한 점에 입각하여 독일 연방군은 약 200여명의 인력을 활용하여 청소년들에게 안보상황과 군의 활동을 정확하게 전달할 수 있도록 청소년 장교(Jugendoffizier)제도를 운영하고 있다. 이 제도는 1958년부터 지금까지 계속 운영되고 있다.

청소년 장교는 대부분 대위급에서 신발되며, 청소년 장교에 보식된 자들은 선발 혹은 지원하기 이전에 어느 정도 자격을 갖추어야 하지만 선발된 이후에도 장기간의 보직전 교육을 받음으로써 이 분야의 전문성을 갖추게 된다. 청소년 장교들은 부대를 방문하는 청소년들이나 주민들에게 안보상황에 대한 질의응답식 교육을 실시하고, 초등학교에서 고등학교 그리고 대학에 이르기 까지 안보세미나 등을 통하여 청소년들이 안보상황이나 군의 역할에 대하여 정확하게 인식할 수 있도록 도와주고 있다. 특히 교사를 통하여 배우는 것보다 국가안보의 최일선에서 직접 활동하는 장교를 통하여 안보상황이나 군에 관한 정보를 접하는 것에 대해서 학생들의 반응이 매우 좋은 편이다. 학교의 특활시간이나 직업소개 시간에도 이들이 방문교육을 실시하기도 한다. 군이 국민의 안보교육 도장이라는 측면에서 보면 매우 매력적인 정책이라고 볼 수 있다.

사격시 소음완충기 제공

군 복무를 하는 동안 대부분의 장병들은 소총이나 대포 등의 사격을 경험하게 되며, 일부는 매우 많은 시간동안을 사격에 할애하기도 한다. 그런데 사격을 할 때 귀에 대해 아무런 보호장구를 착용하지 않고 있기 때문에 사격훈련을 통하여 청각에 손상을 입는 경우가 많다.

그럼에도 불구하고 한국군에서는 별다른 공식적인 조치를 취하지 않고 있으며, 개별적으로 임시방편격인 귀마개를 착용하고 있다. 그런데 문제는 임시로 구입하여 착용하는 귀마개는 큰 소리를 막아 주기도 하지만 작은 소리는 차단하여 위급한 경고나 작은 대화를 알아 듣지 못하는 경우가 있다.

독일 연방군은 군에 입대하는 모든 장병들에게 필수적으로 귀마개를 제공한다. 이 귀마개는 외부에서 들어오는 고주파는 약화시키고 저주파나 중저주파의 소리는 한 번 굴절하여 전달되도록 하였다. 귀마개는 의무대에서 지급하고 있으며, 개인에게 지급되는 소모품이다. 작은 것이지만 각 개인에게는 청각손상을 예방할 수 있는 매우 간단하면서도 중요한 것이다.

참고문헌

Kim, U., Triandis, H. C., Kagitcibasi, C., Choi, S. C., & Yoon, G. (Eds.). (1994). Individualism and collectivism: Theory, method and applications. Newbury Park, CA: Sage.

Steiger, R. (1991). Menschenorientierte Führung. Verlag Huber.

고재원, 김용주 (2008). 한국군의 친인권적 리더십 모델 연구. 화랑대연구소.

강수명. (2009). 임무형 지휘 적용방법 연구. 군사평론 제399호.

김덕수, 석철. (2006). 임무형 지휘를 적용한 소부대 훈련 학교교육 향상 방안. 육군교육사령부.

김동식, 조은영, 김용주. (2003). 미래전 수행을 위한 육군문화발전 방안. 한국전략문제연구소.

김용주. 독일 국방정책 연구 (화랑대연구소, 2002).

김용주. (2005). 군 정신전력 향상 방안 연구. 화랑대연구소.

김용주. (2010). 임무형 지휘의 본질에 대한 이해. 육군 2010, 5-6월호, p77.

김용주. (2011). 목적 지향적 정신교육 발전방안. 한국군사학논집, 제67집, 2권.

김용주, 신인호. (2007). 독일연방군 총서. 육군사관학교 화랑대연구소.

김찬구. (2002). 임무형 지휘의 한국군 적용방안-기보사단 교육훈련 위주. 육군대학.

나상웅. (2004). 임무형 지휘개념의 한국군 적용방안. 국방대학교 안보과정 석사논문.

남기덕, 노양규, 이창호, 이현엽. (2009). 전승 보장을 위한 전투 임무 중심의 리더십 발전방향 연구 – 미래 강한 육군구현을 위한 전투발전 방향. 한국전략문제 연구소

독일 교환교관 보고서. 독일군의 임무형 지휘 교육 6페이지.

독일연방군. (1998). Truppenfuehrung(부대지휘). 육군근무규정 100-100.

미 야교 6-0. 임무형 지휘

박래식(2006). 이야기 독일사, 청아출판사 p. 25.

박승일. 2006. 군 징계제도 개선에 관한 연구. 연세대학교 석사학위청구논문.

박유진 외. (1999). 임무형 지휘개념에 기초한 교육방안 연구. 육군제3사관학교 충성대연구소.

박정이 역. (1997). 임무형 전술의 어제와 오늘

박정이. (2006). 임무형 지휘 야전 적용 가능성과 한계. 군사평론 제378호.

박찬주. (2002). 독일군 지휘기법-임무형 지휘의 올바른 이해와 한국적 적용방안. 육군교육사령부.

박해근. (2002). 임무형 지휘의 생성 및 정착에 적합한 환경. 육군대학.

수도방위사령부. (2008). 임무형 지휘를 위한 부대지휘 참고. 수도방위사령부.

오보영 편저. (1997). 임무형 전술. 육군사관학교 화랑대연구소.

오정석. (2009). 참모총장에게 보내는 개인 서신.

육군교육사령부. (1999). 임무형 지휘 - 육군의 지휘개념. 육군교육사령부

육군대학 교수부. 임무형 지휘정착의 핵심인 공동의 전술관 공유 향상 방안. 육군대학.

육군대학 교수부. 임무형지휘 실천방안. 기획논단 p 51- 73.

육군대학. (1980). 임무형 훈련의 문제점 및 발전방향. 육군대학 학생논문집, 군평 제207호 p 132-152.

육군본부. (2006). 인간중심 리더십에 기반을 둔 임무형 지휘. 교육회장 06-6-7. 육군본부.

육군본부. (2010). 임무형 지휘 활성화 방안. 육군본부

이보균. (1999). 임무형 지휘 실천방안. 육군대학.

이창호. (2002). 임무형 지휘의 실체와 적용방안. 육군대학.

정인섭. 2007. 시민적 및 정치적 권리에 관한 국제규약과 군장병 인권. 서울대학교 법학, 48(4), 35-62.

조규완. (2003). 한국군 특성에 맞는 임무형 지휘 적용방법. 육군교육사령부.

조규필. (2004). 독일연방군의 새로운 지휘원칙. 군사연구 제120호.

조규필. (1999). 임무형 지휘의 역사적 고찰. 육군교육사령부

조승옥, 장용선, 이택호, 박연수, 이민수, 김동식. (2002). 『군대윤리』. 봉명. p149

주은식. (2010). 임무형 지휘 개념을 정착하기 위한 조건. 국방일보, 2월 6일자.

최광현, 이종현, 조관호, 김인국. (2000). 『정신전력 육성방안』. 한국국방연구원.

최승규. (2006). 디지털 전장에서의 지휘통제. 국방대학교 합동참모대학.

최영택. (2002). 미래전장에 적합한 임무형 지휘 연구. 육군대학.

하정열. 『한반도 통일후 군사통합방안』(팔복원, 1996). 70쪽

홍두승. 『한국군대의 사회화』(도서출판 나남, 1993), 124쪽

제복을 입은 국민의 군대

초판인쇄일 | 2012년 6월 21일
초판발행일 | 2012년 6월 30일

지은이 | 김용주
펴낸곳 | 도서출판 황금알
펴낸이 | 金永馥

주간 | 김영탁
디자인실장 | 조경숙
편집제작 | 칼라박스
주 소 | 110-510 서울시 종로구 동숭동 201-14 청기와빌라2차 104호
물류센타(직송·반품) | 100-272 서울시 중구 필동2가 124-6 1F
전 화 | 02) 2275-9171
팩 스 | 02) 2275-9172
이메일 | tibet21@hanmail.net
홈페이지 | http://goldegg21.com
출판등록 | 2003년 03월 26일 (제300-2003-230호)

값 18,000원

ISBN 978-89-97318-18-6-93390